自然传奇

动物与生俱来的本领

主编：杨广军

花山文艺出版社

河北·石家庄

图书在版编目（CIP）数据

动物与生俱来的本领 / 杨广军主编. —石家庄 ：
花山文艺出版社，2013.4（2022.3重印）
（自然传奇丛书）
ISBN 978-7-5511-0929-1

Ⅰ.①动… Ⅱ.①杨… Ⅲ.①动物－青年读物②动物
－少年读物 Ⅳ.①Q95-49

中国版本图书馆CIP数据核字（2013）第080117号

丛 书 名：自然传奇丛书
书　　名：动物与生俱来的本领
主　　编：杨广军

责任编辑：尹志秀　甘宇栋
封面设计：慧敏书装
美术编辑：胡彤亮
出版发行：花山文艺出版社（邮政编码：050061）
　　　　　（河北省石家庄市友谊北大街 330号）

销售热线：0311-88643221
传　　真：0311-88643234
印　　刷：北京一鑫印务有限责任公司
经　　销：新华书店
开　　本：880×1230 1/16
印　　张：10
字　　数：150千字
版　　次：2013年5月第1版
　　　　　2022年3月第2次印刷
书　　号：ISBN 978-7-5511-0929-1
定　　价：38.00元

目　录

◎ 动物的防御行为 ◎

◎ 动物的社群行为 ◎

◎ 动物的领域行为 ◎

自然传奇丛书

动物的本能和天性的起源

亲爱的朋友，你有没有见过刚出生不久的婴儿，即使眼睛还没有睁开，只要母亲把乳头塞进婴儿的嘴巴里，他就开始吮吸。而当你进入青春期以后，你就会对"她"或者"他"产生某种神秘感和好奇心，这种异样的感觉时不时会向你袭来，使你渴望了解甚至接近她或者他。其实我们不必对此感到害羞，因为这是我们人类的天性，这些冲动也是人类的本能反应。

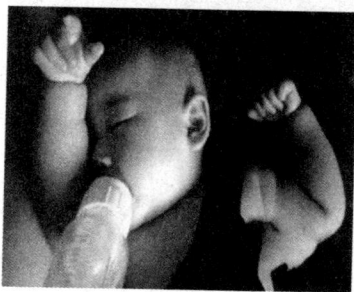

▲婴儿本能的吮吸

本能是一种刻板的、一成不变的行为方式，是某一动物中各成员都具有的典型的、刻板的、受到一组特殊刺激便会按一种固定模式行动的行为模式。它是由遗传固定下来的，是在个体发育过程中随着成熟和适当的刺激经验而逐一出现的。例如，蚂蚁生下来就能干活，而不懂得自然规律的黑熊，在冬天即将来临的时候，努力积蓄营养，吃得胖胖的，以便进入冬眠后有足够的能量保持体温。其实黑熊根本就不知道自己一到秋天就那么贪吃是怎么回事，因为那是熊的本能，是它们的祖先"铭刻"在它们骨子里的行为模式。

▲异性相吸

▲勤劳的蚂蚁

▲蜜蜂采蜜

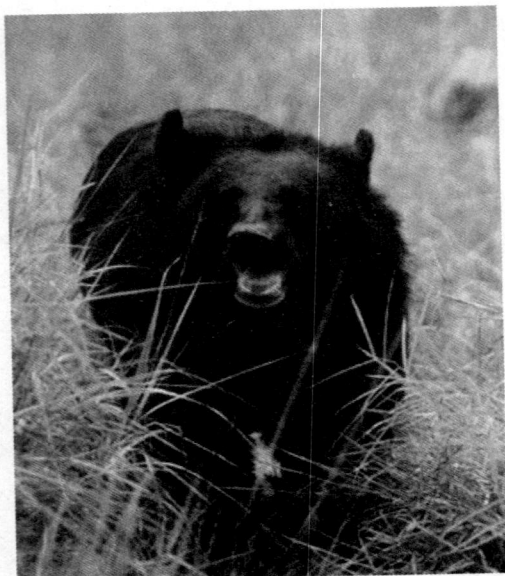

▲肥胖的黑熊

　　动物从遗传中获得本能，它们的生长靠的就是这种行为能力。为了创造这种本能生存方式，动物的祖先们不知道付出了多少世代的努力。我们以蜜蜂为例，在蜜蜂的先辈中曾经出现过许多不同的变种，每个变种都拥有各自不同的本能。如果它们的后代按照本能的方式行事，能够与自然环境相适应，拥有这种本能的个体就可以获得较多繁殖机会，它们的后代便形成了一个与自然环境相适应的物种。如果这种本能不能适应环境的需要，那么拥有这种本能的群体就会消亡。于是，在大量的、与环境不适应的变种被淘汰掉之后，经受住时间考验的那些昆虫就被大自然收留，仍然生活在世界上。而适应自然环境生存的基因便被这群存活下来的蜜蜂保留下来，这群蜜蜂的行为便成了后代的本能。

　　大千世界，缤纷多彩，不管是广袤深邃的海洋，还是一望无际的草原，无论是贫瘠干旱的沙漠，还是浓郁茂密的森林，各种环境中都有着动物的身影，那么这各形各色的动物都有着什么样的"本领"，才使得它们代代繁衍，生生不息呢？

动物的繁殖行为

　　下面是一只母猎豹与它的三只小豹，看起来它们很是亲密，暖暖的阳光，绿绿的草地，它们正在享受着天伦之乐。但是在出现这一幕之前，我们知道，任何一位母亲孕育下一代的过程都是艰辛而伟大的。那么这到底是怎样的一个过程呢？接下来我们就来了解一下动物的繁殖行为。

▲母与子——猎豹

浪漫的"求婚"——动物也浪漫

　　亲爱的女性朋友，当恋爱中的男友手捧鲜花，单膝跪地，对你说出"我爱你"这三个字，你有没有一种马上就嫁人的冲动？当洁白的婚纱披在身上，与你心爱的那个人一起走上红地毯，然后彼此交换戒指，你有没有感动得一塌糊涂，泪流满面？其实，不仅人类可以为爱人做很多对方喜欢的事，自然界中的其他动物也可以。在《动物世界》中有这样一个画面，一只雄黑熊在异性面前使劲儿地摇晃一根木柱。你能猜出它为什么这么做吗？原来，这只雄黑熊是在展示自己的力量，以求获得雌熊的青睐。这种行为就属于动物的求偶炫耀行为。

▲求婚

求偶行为

▲黑熊

▲玫瑰

求偶是动物繁衍的前奏，也是动物种群自我选育、优育的基础。求偶炫耀是通过各种不同的手段吸引异性以达到交配目的的行为。许多动物类群都有求偶炫耀行为，这些行为可以大致分为这几类：发声、鸣啭和鸣叫；体色显示；身体接触、舞蹈、婚飞；公共竞技场求偶；索要彩礼；激素吸引。

一位男性可以为了博得心仪的女孩儿的芳心而献上999朵玫瑰；飘扬着悠扬音乐的舞厅中，男青年们会鞠躬致礼邀请女青年们双双步入舞池；现代社会的姑娘们会要求她的对象必须要有住房，才好谈恋爱结婚；俄国浪漫抒情诗人亚历山大·普希金为了爱情，竟与情敌乔治·丹特斯决斗。

这些都是我们人类两性之间的为获得配偶而做的努力。但是不要以为这只是人类的特权，在动物世界中，这种现象也很多见。虽然其他动物并不像人类那样具有较高的智慧，但是，本着对种族繁衍的使命感，各种动物经过长时间的进化，并且被自然选择的结果，使得它们各自具有了表达情感的方式。

▲舞蹈

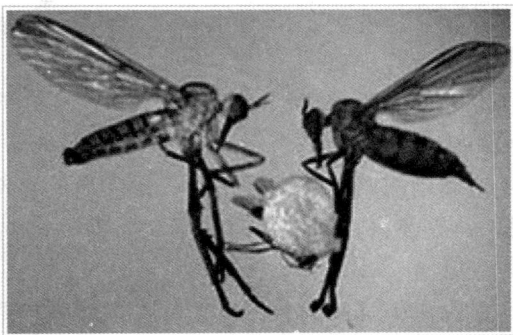

▲雌雄舞虻

自然传奇丛书

　　一只雄性舞虻在繁殖季节会吐丝织成一个大丝泡，然后，每一只雄性舞虻会捧着丝泡，扑动翅膀，在雌性舞虻面前飞来飞去，力求引起雌性舞虻的注意，而那只丝泡就是雄舞虻送给雌舞虻的礼物。

　　清晨，你可能在草原上看到成群的黑琴鸡，鼓起气囊哼着只有它们自己听得懂的"歌曲"。雄黑琴鸡抖擞浑身羽毛，高高昂起头，迈着有节奏

▲织巢鸟

▲马鹿

的舞步，绕着圈子，此时此刻，雌黑琴鸡在一旁观察，它会挑选舞场上最好的舞手为配偶。

非洲有一种鸟，叫作织巢鸟，雄织巢鸟在繁殖季节会用树枝和青草编织出一个精致复杂的"爱巢"。巢织好后，雄织巢鸟会在巢口一边倒吊着，一边扇动翅膀以吸引雌鸟的到来，而雌鸟会逐个检查雄织巢鸟编织的"爱巢"，直到它找到中意的"爱巢"时，雌鸟才会与编织"爱巢"的雄鸟结成繁殖对，开始繁殖。

在满山红叶的秋天，若你去内蒙古看马鹿，你会看到两只雄性马鹿不断地在冲向对方，撞击对方。这种决斗会持续到其中一只公鹿败下阵来，甚至死亡。这是马鹿在争夺配偶，而正是这种决斗方式，使得那些剽悍的马鹿繁殖出强健的后代。

动物的繁殖行为比较复杂，包括繁殖过程中的不同阶段和过程。这些过程包括识别、占有空间、求偶、交配、孵卵、对后代的哺育等一系列的复杂行为。但是，对一种动物来说，可能只具有其中的某几个阶段。

情歌献给你——我的山歌最嘹亮

　　在我国的一些地方，男方求婚时是需要过五关斩六将的，而这些关卡则是对歌，以歌声来衡量男士的能力和诚意。在动物世界中，以歌会友的现象其实也有很多，接下来我们就来了解一些动物的唱歌本领。

　　夏日里树上的蝉总是叫个不停，这些会叫的蝉都是雄性的，它们高声鸣叫以吸引雌蝉前来交配，还有被人们养为宠物的蟋蟀，也是通过鸣叫来求偶的；大多数鸣唱的雄鸟，如云雀、画眉等，在繁殖季节都能唱出某种曲调多变、婉转动听的歌声。杜鹃、斑鸠和一些鹪类也以洪亮、有特点的歌声对雌鸟进行招引。一些不善于鸣唱的鸟类则是通过一系列单调的叫声或通过身体某一部位

▲蝉

的特殊结构发出的声音来求偶。例如，啄木鸟用敲击枯木发出一连串的声响来吸引异性。

蛙

　　蛙捕食大量田间害虫，对人类有益。它不单单是害虫的天敌、丰收的卫士，那熟悉而又悦耳的蛙鸣，其实就如同是大自然永远弹奏不完的美妙音乐，是一首恬静而又和谐的田野之歌。有蛙的叫声，农民就有播种的希望，有蛙声就有收获的喜悦和欢乐！

自然传奇丛书

▲树蛙

▲青蛙

雄蛙在繁殖季节会不停地鸣叫，目的就是吸引雌蛙来到近旁。炎热的夏天，青蛙一般都躲在草丛里，偶尔喊几声，时间也很短。如果有一只叫，旁边的也会随着叫几声，好像在对歌似的。青蛙叫得最欢的时候，是在大雨过后。每当这时，就会有几十只甚至上百只青蛙"呱呱——呱呱"地叫个没完，那声音几里外都能听到，像是一支气势磅礴的交响乐，仿佛在为农业丰收唱赞歌呢！

科学工作者指出，蛙类的合唱并非各自乱唱，而是有一定规律，有领唱、合唱、齐唱、伴唱等多种形式，互相紧密配合，是名副其实的合唱。据推测，合唱比独唱优越得多，因为它包含的信息更多，合唱声音洪亮，传播的距离远，能吸引较多的雌蛙前来，所以蛙类经常采用合唱形式来招得异性的青睐。

知 识 窗

狡黠的青蛙

有时候，青蛙的叫声可不是用来求偶的，它发出求偶的叫声，其实是为了吸引同类的雄蛙，然后对其发动进攻，以消灭竞争对手。

小资料——毒性物质积累

现代医学证明，青蛙肉不但没有特殊营养，吃多了反而会影响人体健康，甚至染上寄生虫病。青蛙一般生活在农田里，庄稼施用化肥、农药较多，农药用量增大和施用不合理，使害虫产生抗药性，抗药性的产生又促使农药用量继续增加，青蛙常吞食带有化肥、农药的害虫，农药便在蛙体内蓄积下来，人若食用，农药残毒即进入人体。农药残毒又会通过"食物链"毒害人体，形成慢性农药中毒，导致各种癌变和肿瘤，甚至可能会导致婴儿先天性畸形。

百　灵

百灵的种类较多，适应干旱的能力很强，生活于草原、沙漠、小灌丛、近水草地等空旷地区。通常在地面活动，几乎从不上树栖息，善于在空中飞鸣，是鸟中有名的"金嗓子"。

雄鸟求偶时常常在空中鸣唱，它的歌不光是单个的音节，而是把许多音节，串连成章。唱歌时也在高空拍动翅膀，边舞蹈边歌唱，仿佛蝴蝶在翩翩飞舞，有时竟高达百米以上。在高空舞蹈数圈后，迅速下降，返回原地。所以百灵鸟既是"歌手"，又是"舞蹈家"。百灵鸟不但以其美妙的歌喉，优美的舞姿，令人叹服的飞翔技巧美化了环境，也给人类生活增添了无穷的乐趣，更以其自身的存在维持着生态系统的平衡。

▲百灵

▲唱歌的百灵

啄 木 鸟

▲ 啄木鸟

雄啄木鸟在求爱弄歌时，首先会选择响木，就像是成名的歌唱家喜爱某个品牌的钢琴一样，以求找到那种响亮好听、传送距离远、能够达到讨好和吸引异性的最佳效果的树木，有时候还会多找几棵可发声不一样的树木。然后会用自己坚硬的嘴在空心树干上有节奏地敲打，发出清脆的"笃笃"声，像是拍发电报，迫不及待地向雌鸟倾诉爱的心声。

有专家测算过，啄木鸟在树干上啄虫眼的速度为每秒钟 16 次，它们奏响求爱的歌曲，应该比啄虫的节奏更欢快、更热烈、更迫切。有时候，啄木鸟在求爱的时候并不一定非得选择树木来敲，有资料显示，2006 年的时候，北京师范大学门口的铁制灯杆吸引了一只在繁殖期的雄性啄木鸟，这只啄木鸟每天早上六点飞来，断断续续一直敲到下午才走，大概它是想通过这独特的声音来吸引异性配偶。

知识库——啄木鸟与防震头盔

啄木鸟的敲击速度这么快，为什么不会脑震荡呢？原来，啄木鸟的头骨十分坚固，其大脑周围有一层绵状骨骼，内含液体，对外力能起缓冲和消震作用。它的脑壳周围还长满了具有减震作用的肌肉，能把喙尖和头部始终保持在一条直线上，使其在啄木时头部严格地进行直线运动。假如啄木鸟在啄木时头稍微一歪，这个旋转动作加上啄木的冲击力，就会把它的脑子震坏。正因为啄木鸟的喙尖和头部始终保持在一条直线上，因此，尽管它每天啄木不止，多达 1.2 万次，也能常年承受得起强大的震动力。

那么能不能根据啄木鸟的这一特性生产一种保护人类头部的头盔呢？于是，

▲啄木鸟啄害虫

▲防震头盔

防震头盔就应运而生了。

科学家将啄木鸟的"防震头"工作原理应用于人类的防震设施中。如设计安全帽和头盔，帽顶与头顶之间的填充物选用坚固、又轻又密实的海绵状材料，帽顶要坚硬但不宜过厚，一旦人与物体发生强烈撞击，要尽量使人体的头部只保持直线运动，不做任何转动，就能像啄木鸟一样避免脑震荡的发生。

座头鲸

水中杰出的"歌唱家"当推座头鲸。座头鲸是鲸类中最大者，成体平均体长雄性为 12.9 米，雌性为 13.7 米，体重 25～35 吨。它是有社会性的一种动物，性情十分温顺可亲，成体之间也常以相互触摸来表达感情。但在与敌害格斗时，则用特长的鳍状肢，或者强有力的尾巴猛击对方，甚至用头部去顶撞，结果常造成皮肉破裂，鲜血直流。座头鲸有灵敏的听觉，能发出各种"喀嗒"声和生锈了的铰链

▲座头鲸

自然传奇丛书

声。航海家们在海上常常听到这种鲸的"歌声"，但是并不知道它为什么要"唱歌"。

美国的两位动物学家对座头鲸进行了二十多年的研究，终于发现了座头鲸歌唱的秘密。他们在太平洋夏威夷群岛附近、大西洋百慕大群岛、西印度群岛等海域，把鲸唱的歌录下来，进行分析。

▲座头鲸

座头鲸歌手通常都是雄性，并且只是在繁殖季节"唱歌"，而这些歌中有些是求偶的表白。鲸唱出自己的"歌"，发出一种哼哼声、呼噜声，甚至有嗥叫、短促的尖叫，"歌声"似乎有一种极复杂的结构形式。世界各地的座头鲸"歌声"是息息相通的，是它们的祖先代代相传下来的。动物学家把这种模式的每支"歌曲"，按声音编排成8～10个重复的主题，每支歌唱15～30分钟。在这漫长、回旋而又紧张的基本曲调中，不同的"歌手"还会随自己的意思加上"花音"，唱了又唱。同时，座头鲸的歌曲还在不断改变，不断演化。

小贴士——仿座头鲸心脏起搏器

仅在美国，每年就有超过35万人安装新的或替换心脏起搏器。位于哥伦比亚的鲸鱼心脏卫星追踪计划主管豪尔赫·雷诺兹的工作是研究鲸心脏的奥秘：座头鲸2000磅的心脏如何在每分钟仅跳动3～4次的情况下，将相当于6浴缸的含氧血液通过循环系统送达全身？以及电刺激是如何穿透鲸鱼体内大量的防止鲸鱼心脏受冻的鲸油的。研究人员

▲座头鲸与人

运用了超声心电图的监听设备，并对死亡鲸鱼的尸体进行了解剖。他们发现了纳米级"导线"，通过这些"导线"，电信号可以穿过大量的不导电的鲸油刺激鲸鱼心跳。

这一研究成果将使病人心脏可在没有电动心脏起搏器帮助的情况下工作，也就是给死亡的心肌架设类似座头鲸心脏内的导线，以刺激心脏进行正常的跳动。2010年，世界心脏起搏器市场总额预计将达到37亿美元，而新的发明将使成本降低到只有几美分，同时减少了后续的操作，最主要的是避免了更换电池，减少了对环境的影响。它无疑将取代传统的心脏起搏器。

自然传奇丛书

美男计——花枝招展的雄性

拥有漂亮的外表是每个姑娘一心向往的事情，"女为悦己者容"就是说女孩子会为了自己喜欢的异性而打扮。但是在动物的世界中，这种现象好像是反着来的，拥有漂亮外表的往往是雄性。

体色显示求偶是指色彩华丽的雄鸟通过炫耀其漂亮的羽毛、冠、角、裙、囊等特殊的装饰物来进行求偶。如羽毛华丽的雄孔雀，光彩照人，通过展示漂亮的羽毛以招引雌性。有的鸟还在婚前换上鲜艳的羽毛，而繁殖期一过，这身婚羽就换掉了。

孔　雀

我们知道，能够自然开屏的是雄孔雀。孔雀中雄性往往比较美丽，而雌性却其貌不扬。雄孔雀身体内的生殖腺分泌性激素，刺激大脑，展开尾

▲孔雀求偶

自然传奇丛书

屏。春天是孔雀产卵繁殖后代的季节，于是，雄孔雀就展开它那五彩缤纷、色泽艳丽的尾屏，还不停地做出各种各样优美的舞蹈动作，向雌孔雀炫耀自己的美丽，以此吸引雌孔雀。雌孔雀则根据雄孔雀羽屏的艳丽程度来选择交配。

小博士

　　每年春季，尤其是三四月份，孔雀开屏次数最多，这是为什么呢？孔雀开屏和季节有关吗？

斗　鱼

　　斗鱼是色彩斑斓、凶猛好斗的热带鱼类，常见于亚洲及非洲的淡水水

▲斗鱼

自然传奇丛书

域。它有着丝带一般的鱼鳍，颜色分红、白、绿、蓝、青多种，游态优雅。

斗鱼是一种十分有趣的鱼种，对配偶的要求十分严格，一定要两情相悦、互相配合才能成功交配。斗鱼在生殖时期，雄鱼体色非常艳丽，并有一套求婚和筑巢的过程。产卵前，雄鱼先选择一处水面平静避风的地方，由口吸空气和吐黏液形成小泡，无数小泡黏附在一起，形成一个表面隆起或略平扁的浮巢。当巢筑成后，雄鱼开始向雌鱼求婚，美丽的雄鱼在雌鱼的周围不停地游来游去，尽量把美丽的鳍舒展开，口也张得很大，鳃膜突出，可以看到鳃膜内鲜红色的鳃。在求爱过程中，身体颜色变得特别鲜明，身体和各鳍出现虹光样的灿烂，雄鱼由于极度兴奋而战抖。如果雌鱼对雄鱼的求爱表现无所反应，雄鱼就会恼羞成怒，追逐雌鱼一直到它被迫跳出水面脱逃为止。

极 乐 鸟

极乐鸟极其漂亮，大多数种类的雄鸟有特殊饰羽和彩色鲜艳的羽毛。极乐鸟又称"天堂鸟""太阳鸟""女神鸟"等，是世界上著名的观赏鸟。极乐鸟盛产在巴布亚新几内亚，是巴布亚新几内亚人民最引以为自豪的国鸟，在其国家的国旗和国徽上都能见到极乐鸟的身形。

地球上再没有别的鸟类这么煞费周章地来做传宗接代这件事。为了把挑剔的雌鸟迷得眼花缭乱，雄极乐鸟神气活现地披上一身足以登台亮相的行头：裁剪得体的"斗篷"、闪闪发亮的"胸盔"、头上的"饰带"、无边

▲巴布亚新几内亚国旗

▲巴布亚新几内亚国徽

PAPUA NEW GUINEA

18

帽似的羽冠、颊下的胡须、颈间的肉垂，还有跟八字胡一样弯卷的长翎。表演开始了，一只雄极乐鸟黑色天鹅绒般的羽毛斗篷扬起来，头顶高耸的松绒线羽轻敲地面，宛如芭蕾舞者脚尖点地。这位表演家的舞台是一小片林中空地，在那里，另一只有着淡

▲漂亮的极乐雄鸟

蓝羽冠和金银丝尾羽的雄极乐鸟，重复着同一个简洁的显摆动作：它剧烈地鼓胀胸腔，炫耀自己光泽的胸羽。而它们的观众——一群雌极乐鸟在树枝上一字排开，叽叽喳喳，不时地打探着面前的舞者。

名人名言

纽约自然历史博物馆的生物学家埃德·斯科尔斯说："在新几内亚岛这种自然环境里，动物拼的不是爪牙之利，而是梳妆打扮。"

小故事——"无足"极乐鸟

曾经有一个传说：有一种鸟，在它出生时就没有脚，所以它不能休息，只能一刻不停地朝太阳升起的地方飞翔，直到体力耗尽，它就撞在荆棘刺上，发出一声欢鸣，那欢鸣和它的鲜血却化成另一只鸟，继续向太阳飞行。这种鸟就是极乐鸟。

"无足极乐鸟"其实并不是真的无足，只是足短一些，飞行时藏在长长的羽毛内，人们见不到。无足极乐鸟的尾翼比身体长二三倍，又被称作

长尾极乐鸟。

其实从生物学角度来讲，喜欢出风头的物种总会招来杀身之祸。但是极乐鸟则似乎是反其道而行之。它们鲜艳的红色、黄色、蓝色在雨林一成不变的绿色背景上热烈燃烧了数百万年。这种非同寻常的鸟儿就是这样翩翩起舞，让自己的种群绵延不绝。只要森林还给它们舞台，它们就会一直这样舞蹈下去。

▲ 极乐鸟

以舞会友——谁是舞林高手

我们知道，肢体语言也是我们传达感情的一种工具，而舞蹈则是肢体语言中最传神、最优美的。舞蹈的魅力会使你的一举手、一投足都散发出耀眼的光芒，当然，动物世界中的优雅绅士们也不会忘了这一重要加分点。

大多数鹤类在求偶时由雄鸟首先起舞，以优美的舞姿来赢得对方的好感，如果被雌鸟选中，则两只鸟互相跳舞。猛禽等有着很强的飞行能力的鸟类在求偶时，雌、雄鸟在空中上下翻飞，互相追逐。这是一种空中舞蹈的形式，称为"婚飞"。水禽和海鸟在求偶时，雌、雄鸟身体的某一部位经常发生接触。如喙的相互撞击或"亲吻"、颈部缠绕、身体相依偎等。一些有蹄类、食肉类的雄性动物，在繁殖季节常用舌、齿、爪等给雌性整理梳饰毛发；麝在发情期，两性相互舐鼻、唇和脸面。

丹 顶 鹤

丹顶鹤羽色素朴纯洁，体态飘逸雅致，鸣声超凡不俗，性情高雅，形

▲丹顶鹤

自然传奇丛书

态美丽，素以喙、颈、腿"三长"著称，直立时可达一米多高。它身披洁白羽毛，喉、颊和颈为暗褐色，长而弯曲的黑色飞羽呈弓状，覆盖在白色尾羽上。特别是裸露的朱红色头顶，好像一顶小红帽，因此得名。由于丹顶鹤的寿命可达50～60年，所以自古以来人们把它同松树绘在一起叫作《松鹤图》，作为长寿的象征。

▲双鹤共舞

在追求异性上，丹顶鹤使用的浪漫方式犹如它的名字一样美。雄鹤主动求爱时，引颈耸翅，总是"嗝""嗝"叫个不停；雌鹤则翩翩起舞，报以"嗝啊""嗝啊"的回答。双方对歌载舞，你来我往，其优美的舞姿，堪称动物界天才舞蹈家，浓浓的深情，让我们人类为之向往。

自然传奇丛书

白　蚁

▲成虫白蚁

雨后的傍晚，很多人都会发现，外出时常有长着翅膀的虫子撞在身上，然后翅膀很快脱落，虫子则顺着衣服四处爬。这些虫子还会成群地钻入家中，密密麻麻地在窗户上、灯管上飞舞、爬行，很吓人。到第二天白天时，这些虫子都不见了，只剩下窗台上一大片落下的翅膀，很难清扫。这种长着翅膀的虫子其实就是白蚁。

讲解——白蚁的不完全变态

白蚁俗称飞蚂蚁，是一种危害极大的世界公害。白蚁和其他昆虫一样都有不断循环的生活史，如蚕虫的一生要经过卵、幼虫、蛹、蛾四个阶段，这叫昆虫的变态，在昆虫学上叫完全变态。白蚁的变态，由于缺少了蛹这个阶段，昆虫学上叫不完全变态。

白蚁具有一个独特的习性——婚飞。在每年春夏雨后天气闷热的傍晚，蚁巢中会飞出大量的长翅繁殖蚁，在离巢不远处的建筑物附近低飞，飞行时间很短，这种现象称为"婚飞"。群蚁在低空飞舞，好像在开舞会，各自毫无拘束地自由选择对象。在"舞会"的时间里，不同群落的白蚁都会派成员参加，这样的杂交可以确保基因的多样性。情投意合者就飞落地面，各自脱掉翅膀，雌雄成双追逐，完成婚配大事，并寻找合适场所，建筑新巢，繁殖后代，另立新的群体。虽然每次参加"舞会"的繁殖蚁多达几十万只，但只有少数才能交配成功，更多的白蚁则精疲力竭地倒在"婚飞"的路上。

展望——蚂蚁与人造肌肉发电机

蚂蚁是动物界的小动物，可是它却有很大的力气。因为它可以举起超过它的体重差不多 100 倍的物体。科学家进行了大量实验研究后，终于揭穿了这个"谜"。

原来，它脚爪里的肌肉是一个效率非常高的"发动机"，比航空发动机的效率还要高好几倍，因此能产生这么大的力量。我们知道，任何一台发动机都需要有一定的燃料，如汽油、

▲蚂蚁搬食物

自然传奇丛书

柴油、煤油或其他油品。但是，供给"肌肉发动机"的是一种特殊的燃料。这种"燃料"并不燃烧，却同样能够把潜藏的能量释放出来转变为机械能。不燃烧也就没有热损失，效率自然就大大提高。化学家们已经知道了这种"特殊燃料"的成分，它是一种十分复杂的磷的化合物。

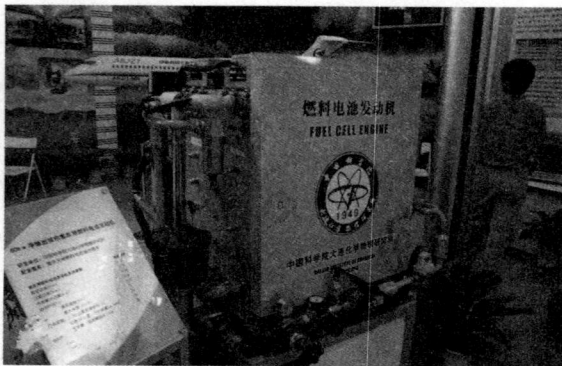

▲燃料发电机

现在我们用的起重机一般是靠电动机工作的，但是这样的工作效率比起蚂蚁来可就差远了。为什么呢？因为在发电过程中，燃烧所产生的能量，有一部分以热能形式白白地跑掉了，有一部分因为要克服机械转动所产生的摩擦力而消耗掉了，所以这种发动机的效率很低，只有30%～40%。

人们从蚂蚁发动机中得到启发，制造出了一种将化学能直接变成电能的燃料电池。这种电池利用燃料进行氧化—还原反应来直接发电。它没有燃烧过程，所以效率很高，可以达到70%～90%。

蛇

蛇是我们人类很熟悉的动物，好多谚语都涉及它，例如，"一朝被蛇咬，十年怕井绳""人心不足蛇吞象"等，就连我们的十二生肖里也有它。

▲蛇

很多人怕蛇，因为它有毒，有些人却说蛇是人类的朋友。其实蛇没有想象中那么可怕，那些有毒的也只占蛇类中的五分之一左右，并且蛇是不会主动对人进攻的，除非你触碰到了它的身躯。如果你的脚踩上了它，它会马上本能地回头咬

▲打草惊蛇

你脚一口，喷洒毒液，令你倒下。当人们行走在山路上，通常会采用"打草惊蛇"的方式来驱赶蛇。

蛇的求婚行动也很有意思。有些蛇在交配前有求偶的表现。那些头部腹面两侧具有疣粒的雄蛇，在求偶时就用疣粒去抚摩雌体，王蛇的雄蛇则用残留的后肢去搔抓雌蛇，引起雌蛇的注意，抓的声音甚至

▲蛇

在几尺远的地方都可以听见。浙江短尾蝮的雄蛇在发现雌蛇时，就在后面紧追，频频伸出舌头，去嗅雌蛇的尾基部，并且不停地抖动尾部，一有机会，便冲到雌蛇的背上，或紧挨其一侧。然后，雌雄两蛇后半身绕在一起，进行交配。蛇岛的中介蝮在交配前，雄蛇频频点头，向雌蛇头部接近，雌蛇头部微微抬起，并点头，之后才开始交配。

链接——响尾蛇与现代军事的装备

▲红外夜视仪

　　响尾蛇的视力几乎为零，但鼻子上的频窝器官具有热定位功能，即使爬虫、小兽等在夜间入睡后，凭借它们身体所发出的热能，响尾蛇都能灵敏并迅速地前往捕食。科学家根据响尾蛇这一奇特功能，研制出了现代夜视仪、空对空响尾蛇导弹，以及仿生红外线探测器。

绅士之战——"君子"的决斗

　　小时候，你可曾因为一个小玩具而与伙伴吵得不可开交？长大后你可曾因同时爱上一个姑娘而与另一个同性大打出手？在你动手之前可别忘了，要按"规矩"来，输了的话可不要耍赖。在动物界，为了争取配偶的争斗可是一场盛大的角斗比赛，挑剔的雌性们可不会因为怜悯而对你有一丝关怀，所以，雄性们要用尽全力，才能赢得"美人"归。

　　公共竞技求偶是一种激烈的求偶方式。胜者争得配偶，败者认输作罢。这种求偶行为以哺乳动物最多，比如上一节提到的马鹿就是以决斗来获得交配机会的。又如流苏鹬的雄性二者拼命争斗，雌性却歇在一旁观战，最后则和战胜者同去。在激烈的争斗中，雄性常有特别的武器，如雄鹿的角、公鸡的喙、雄鲑的钩形上腭

▲公鹿的角

等。最后，个头大、力气足、求爱信号强、能够提供最佳领地的雄性便成为雌性的理想伴侣。

海　狮

　　相信你可能在海洋馆里见过海狮，别看它凶巴巴的，并且是大型肉食动物，却是我们人类的好帮手呢。自古以来，物品沉入海洋就意味着有去无还，就算在科技发达的今天，当水深超过一定限度，潜水员也无能为

自然传奇丛书

▲ 海狮决斗

力。可是海狮却有着高超的潜水本领，人们可借助它来完成一些潜水任务。

一头健壮的雄性海狮因为要拥有一头雌性海狮，而与其他雄性海狮展开血战。战斗结束后，得胜的雄性海狮会与属于它的雌性海狮一起赶走战败者。即使这样，海狮的生存法则使它不能享受安逸，繁殖季节里，为了更多地把自己的基因遗传下去，公海狮会尽量和许多母海狮交配，这样，这头雄海狮会打更多的仗，不惜一切地打败竞争对手。

自然传奇丛书

你知道吗？

海狮因它的面部长得像狮子而得名。它不仅有着狮子般的外貌，还有着狮子般的霸道。

驼　鹿

驼鹿是世界上体形最大的鹿。高大的身躯很像骆驼，四条长腿也与骆驼相似，肩部特别高耸，像是骆驼背部的驼峰，因此得名。

雄驼鹿主要靠它的角来与同类争夺异性。8月下旬开始发情，追逐旺季在9月中旬，于10月结束，一般雌鹿比雄鹿晚一周左右发情。发情的雄鹿异常兴奋，毛被蓬松，角膜充血，多在早晨和黄昏发出吼叫，经常在树干上磨角，将树皮擦掉，使树干上留下许多坑痕，有时还用角豁地，翻起10多厘米高的泥土。嗅觉也格外灵敏，能够在3公里外根据气味得知雌鹿的存在，并且立即心急火燎地赶来，挥舞头角，发出一阵阵向雌鹿求爱的"噢噢"叫声，或者像牛叫一样的"哞哞"的鼻声，雌鹿的叫声则比较低沉。如果当时有其他的雄鹿同时向雌鹿靠拢，就会互相用巨大的角去拦

阻，并大声咆哮，于是一场激烈而壮观的格斗便在所难免。两只雄鹿先是彼此虎视眈眈，继而用巨大的角猛烈地向"情敌"出击，发出"噼啪噼啪"的击角声。在一般情况下，当一方被击败后，就会知趣地离开，但有时双方势均力敌，难免使其中一方受到伤害。

▲驼鹿

轻松一刻

如果这种角击经久不息，使双方巨大而复杂的角像铰链一样扭在一起无法脱离，时间一长，还可能会由于饥饿和疲劳而同归于尽。

大 角 羊

大角羊又叫盘羊，因其拥有一对奇大无比的羊角而得名，大角羊比普通山羊更敏捷，其中公羊也比其他种类的公羊更好斗。大角羊的发情期是在 11 月份和 12 月份。但是从 9 月份，公羊就开始相互把对方赶出去。10 月末，公羊开始向已经骚动起来的母羊求爱。有时一只占有统治地位的公羊会设法

▲大角羊

自然传奇丛书

将发情的母羊分离出去，把它们赶到没有其他公羊能够进行挑逗的悬崖边上，留给自己享用。只有极少数竞争者敢于向统治地位的公羊挑战，去竞争正在发情的母羊。而一只占有统治地位的公羊一般也只有两三个真正的对手。当公羊看中某一只母羊的时候就会撇嘴，而如果有几只公羊同时向同一只母羊撇嘴，那么一场争夺战就在所难免。如果它们彼此都很陌生，战斗是判断它们潜在能力的唯一办法。

▲大角羊的角

公羊们首先进行预赛。预赛包括角的显示和身体接触。如果角的大小几乎相同，那么公羊就会开始相互踢蹬对方。第一脚一般由居统治地位的那

▲大角羊决斗求偶

只羊踢出。在显示了它的实力之后，一些向母羊撇嘴的公羊则会知趣地退到一边。这时，统治地位已经完全建立起来，没有战斗的必要了。真正争夺统治地位的战斗其实很少，但是当争夺战发生时，300磅重的两只公大角羊以时速30千米互相冲撞，将愤怒表现得淋漓尽致。大角的撞击声就会在寂静的山野中回响，1.5千米以外的地方都能够听见。

为什么非要这样做？当然是为了求偶。其实这种行为对物种的延续极为重要。毕竟搏斗可以分辨出哪一只公大角羊最强壮，哪一只的基因生命力最强，足以让后代继续生存。大部分的动物必须用这种方式找到配偶，这就是动物为何穷其一生学习用夸张的方式表达怒气的原因。

昂贵的婚姻——"彩礼"之中见真情

　　每对父母都希望自己的女儿能嫁个好人家，所以婚娶的时候送一大份彩礼给女方就是对男方的一大考验。而送彩礼的习俗古来就有，那么这是从何而来的呢？我想也许是从动物的进化中遗传下来的，因为很多动物都有这个习惯。

　　有些动物在繁殖期间常常通过向异性索要礼物或类似动作来吸引异性，以此来建立稳定的配偶关系。如燕雀科中有种叫"四十雀"的鸟，在寻求配偶时，要挑"家境"，要"彩礼"。这种鸟的雌性寻配偶首先要选择那些家住食物丰富的橡胶林里的雄性，而对住在食物不丰富的柳树丛中的雄鸟则毫不理睬；能送出数量多质量好的礼物的雄性，最能博得雌性的欢心。

食 虫 虻

　　食虫虻是所有的蝇中体积最大的，它几乎以所有的飞行昆虫为食，被视为昆虫世界中的魔鬼。

　　用猎物作为彩礼来求婚，是食虫虻求偶过程中必不可少的仪式。雌虫若是对这份食物不满意，便会转身离开，但如果它接受了这份礼物，雄虫便可趁雌虫取食之机与之交配。当然，雌性只同带来个头大、味道好的肉虫的雄虻交尾，对用小肉虫引诱自己的雄虻却不屑一见。因为优质的礼

食虫虻的彩礼

品中蛋白质含量丰富，吃了能增加产卵量，提高卵子的品质，使生殖的成功率提高。

链 接

送礼的技巧

送彩礼的时机也很关键，曾经观察到这样一只雄性食虫蛀，它抱着捕获的苍蝇躲在距雌虫不远的角落里，当看到其他求偶者的彩礼不如它的大时，方才自信地飞出。

阿德里企鹅

▲ 阿德里企鹅

阿德里企鹅是南极大陆普遍可见的一种企鹅，也是最受生物学家青睐的企鹅。在阿德里企鹅的世界中，石子往往要比生命还要珍贵，因为这是它们筑巢和交配的必备品。因此我们也可以了解，为何女孩子都特别希望自己的另一半能够拿着钻戒向自己求婚，原来，企鹅和人的爱情观是一样的。

寒冷而恶劣的南极气候使得雌企鹅必须使用非传统的手段去得到筑巢用的小石子，并以此为她的后代建造巢穴。在这寸草不生的雪地里，石头也变得难以寻找，很多雌企鹅只能在冰里或烂泥里找到一些结了冰的小石子。企鹅所需要的这些卵石是如此的稀有，以至于一些雌企鹅有时甚至会冒着

自然传奇丛书

生命危险去抢夺别的雌企鹅筑巢用的石子。

轶闻趣事——"红杏出墙"的阿德里企鹅

　　虽然科学家声称阿德里企鹅是一种忠诚的动物，它一生只有一个伴侣，但其实，雌性的阿德里企鹅也会红杏出墙，它们的要求很低，只要"未婚"雄性企鹅用调情的小石粒加固它的巢窝，她们就愿意和它们"好"了。

　　因此，石子便是阿德里企鹅求爱期间的"鲜花"和"巧克力"，也是雌企鹅"红杏出墙"的交易品。雌性的阿德里企鹅，拼命地收集石子去建筑自己的巢穴，而那些单身的阿德里雄企鹅们，在整个求爱期的例行公事，就是伙同它的同伴们，像只鸭子般摇摇晃晃地寻找雌企鹅想要的卵石。

园 丁 鸟

　　每个人都渴望舒适而漂亮大房子，在里边惬意地生活，鸟儿也不

▲园丁鸟的林荫道和凉棚

▲园丁鸟的漂亮小窝

自然传奇丛书

例外。

在澳大利亚和新几内亚岛上共有19种园丁鸟，它们会用不同的建筑手法构造美丽的家园来吸引自己的配偶。有一种鸟，叫弗格克，它所建造的豪华别墅已经使它远近闻名。

雄性弗格克园丁鸟为雌鸟奉献的礼物是鸟类中最奢华的——它们建造的豪华"别墅"，高度可达4 m，直径可达6 m。这是一个令人惊异的鸟巢，鸟巢围绕一棵小树建造，顶部完全用茅草覆盖，里面有几根树枝支撑着。在入口的前面是一个花园，里面别致地陈列着从森林中收集来的各种各样醒目的物品，有色彩亮丽的浆果，有反光色彩的甲虫鞘翅，有黄色叶片和每天在枯萎前都会更换的鲜花，所有的物品都整齐地成堆放置，形成了一道美丽的风景。要保持这个豪华"别墅"的环境整洁，雄性弗格克园丁鸟要付出非常辛勤的劳动，当雌鸟被这个精心装饰的豪华"别墅"的礼物所打动并以身相许的时候，那么雄性弗格克园丁鸟的投入就非常值得了。

白 额 燕 鸥

自然传奇丛书

白额燕鸥主要以小鱼为食，它能潜入海水中捕食猎物，当雄燕鸥向雌燕鸥求偶时必须带给雌燕鸥1～2条小鱼，否则就会遭到拒绝。

▲白额燕鸥送"彩礼"

"臭味相投"——嗅出来的婚姻

我们形容一对相爱的男女会说眉目传情，而有些动物则是以气味传情，只要闻到气味的雄性动物有意，便可以大胆地追，这气味就成了一根红线，顺着这根红线，就能找到它想见的雌性。往往一只雌性所散发出来的气味可以引来大批的雄性，可以说这种方式比人类的更为直接，也更为见效。

有些动物，如昆虫中的飞蛾等，会以气味传情。雌虫的身体能分泌出一种特殊的化学物质，叫性外激素。这种物质的气味散布开去，能把雄虫从很远的地方招来。

飞　蛾

也许你认为飞蛾不漂亮，但是它可是蝴蝶的姊妹，属鳞翅目，异脉亚目。飞蛾虽然赶不上蝴蝶美丽，但它们的恋爱方式却差不多。

雌蛾可以产生一种特殊的化学物质，即性外激素。通过性外激素的扩散传布，把雄蛾从遥远的地方招引来，进行交尾。性外激素分泌的量虽然很少，但作用却很大。

▲飞蛾靠释放激素吸引异性

据说一只雌性舞毒蛾只要分泌 0.1 微克的性外激素，就可以把 100 万只雄蛾招引过来。飞蛾这种以气味传情、寻找配偶的方式，在生物学中称为

"化学通讯"。飞蛾类多在夜间活动，喜欢在光亮处聚集，因此民谚有"飞蛾扑火自烧身"的说法。

你知道吗——飞蛾为什么要扑火？

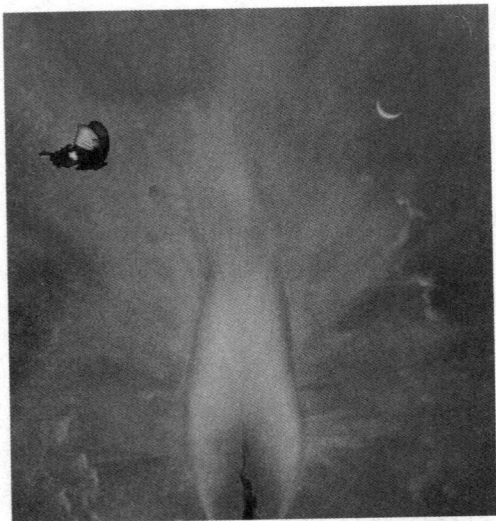

▲飞蛾扑火

蛾在夜间活动，它在探索飞行道路时，是靠月亮作为"灯塔"的。飞蛾的眼睛是由很多单眼组成的复眼，它在飞行的时候，总是使月光从一个方向投射到它的眼里，当它绕过某个障碍物或是迷失方向的时候，只要转动身体，找到月光原来投射过来的角度，便能继续摸到前进的方向。如果在旷野中出现灯火，飞蛾看见灯火就会分辨不清哪个是月亮，哪个是灯火。由于月亮远在天边，灯火近在眼前，飞蛾就会把灯火误认为月亮。在这种情况下，它只要飞过灯火前面一点，就会觉得灯火射来的角度改变了——从侧面或者从后面射来，因此便把身体转回来，直到灯火以原来的角度投射到眼里为止。于是飞蛾就不停地对着灯火转来转去，绕着灯火做螺旋状盘旋，怎么也脱不了身。

伟大的母爱——动物的孵卵和育幼

在生物漫长的进化历程中，大自然赋予了众生物各种神奇的力量，其中最为神秘的是蕴藏在基因最深处的力量，我们称之为——母爱。每种生物诞生于世，无不靠伟大的母亲给予生命。母爱是世上最无私的情感，而母爱也并非人类的专利，从低等动物到高等动物，都有母亲为后代尽职尽责地付出，甚至不惜牺牲自己的生命，想必连人类看了都要叹为观止。

求偶行为的结果是精卵的结合，称为受精卵。受精后行为包括产出后代（卵或幼体）、护卵行为以及育幼行为。

▲反嘴鹬护卵

▲红嘴蓝鹊育幼

多样的生殖——后代的产出方式

　　动物进化到今天，从低等到高等，每一物种在大自然中都形成了各自的最适应环境的遗传方式。后代产出的方式包括：卵生、卵胎生、胎生。虽然生产方式不同，但是每种动物都在本能的驱使下不断履行着自己的繁衍任务，下面我们来了解一下这些不同的生殖方式。

卵　　生

▲卵生的蛇类

　　卵生是受精卵在母体外发育，发育过程所需营养均来自卵中的卵黄。见于多数无脊椎动物、头索动物、圆口纲、大部分鱼类、两栖类、爬行类、全部鸟类和少数哺乳动物。

　　对于卵生动物来说，卵细胞大，养料多，可以吸收更多能量，有利于胚胎发育，还有利于抵御外界环境变化。

卵　胎　生

　　卵胎生，又称伪胎生，是指动物的卵在体内受精、体内发育的一种生殖形式。受精卵虽在母体内发育成新个体，但胚体与母体在结构及生理功能的关系并不密切。胚胎发育所需营养主要靠吸收卵自身的卵黄，胚体也

可与母体输卵管进行一些物质交换。这是动物对不良环境的长期适应形成的繁殖方式，实际上母体对胚胎主要起保护和孵化作用。它是介于卵生和胎生之间的情况。这种生殖方式多见于田螺、部分鱼类（真鲨科等软骨鱼及柳条鱼等硬骨鱼）、部分有尾目两栖动物（如欧洲蝾螈）、部分爬行动物（某些蛇及蜥蜴）等。

▲卵胎生的赤尾青竹丝

动物采用卵胎生这种生殖方式，改善了胚胎和幼体的发育环境，使孵化存活率比卵生者较有保障。此外，卵胎生是动物进化过程中由卵生到胎生的一种过渡形式，为进化论提供了又一活生生的证据。

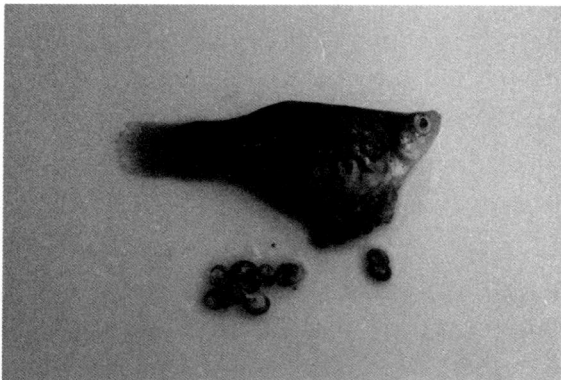

▲卵胎生的月光鱼

胎　　生

胎生：受精卵在母体内（多在子宫内）发育，胎儿发育成熟或发育到一定程度后产出，胚胎在发育过程中从母体获取营养（主要通过胎盘）。见于某些蛭、某些板鳃类鱼、部分蚊和蜥蜴、绝大部分哺乳动物。有袋类的幼儿未发育成熟即娩出，在育儿袋内继续发育。

胎生和哺乳，保证了后代较高的成活率。胎生为发育的胚胎提供了保护、营养以及稳定的恒温发育条件，能保证酶活动和代谢活动的正常进

▲胎生的马

行，最大程度降低外界环境条件对胚胎发育的不利影响。从卵生到卵胎生，再到胎生，动物的进化使得后代的出生安全系数升高，朝着更有利于生物生存和发展的方向前进。

自然传奇丛书

爱子如命——动物的护卵本能

　　相信我们都知道伟大的发明家爱迪生孵小鸡的故事，爱迪生看见母鸡孵小鸡后受到启发，也学母鸡的样子蹲在鸡蛋上，妄图孵出小鸡来。现在我们知道，小鸡的孵出温度是 39 ℃，所以他这种方法是孵不出小鸡来的。但是同时我们也懂得了母鸡的辛苦，它要用自己的体温把小鸡给孵出来，这样的辛苦可见一斑。在大自然中，也有很多的动物巧妙地孵出自己的卵，辛苦地照顾自己的幼崽，接下来我们就来了解一下吧。

　　护卵行为多见于卵生动物。有些动物在产下卵之后，弃之不顾或者依靠别的动物代为孵化，如蚯蚓把卵产在蚓茧内，以资保护；鲎虫会产下带有坚硬外壳的卵，这种外壳可以抵抗外界干旱等不良环境；寄生蜂会将卵产在寄主体内，幼虫孵出即以寄主为食；杜鹃将卵产在其他鸟巢内，借其他鸟孵卵育雏。

　　有些动物产卵后成体要加以照顾。一般是由双亲或者是双亲一方守护或携带，

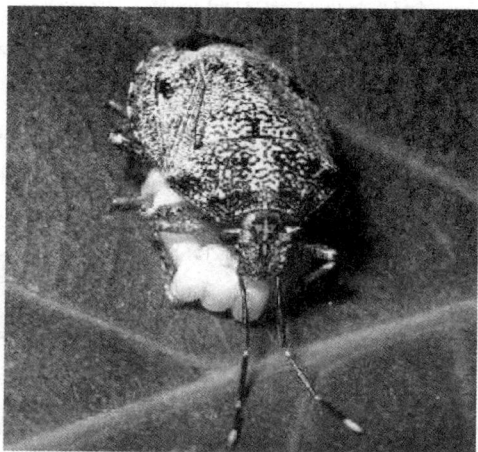

▲盾背椿象护卵

直到幼子出生为止。如负子蟾的雌体将卵产于雄体背上，雄体背负而行；口育鱼将卵含在口中孵化；欧洲产婆蟾的雄体用后肢带卵；少数鳄、蛇会守在卵边至幼体孵出；多数鸟类用体热孵卵。一般说雌鸟孵卵的任务较大，但鸵鸟、雉、苍鹭、黑颈鸥的雄体也参与营巢、孵卵、育幼等。犀鸟交配后，雄鸟将雌鸟用泥封在树洞内，仅留一小口以喂食。

自
然
传
奇
丛
书

名人名言

美国诗人惠特曼说："全世界的母亲多么得相像！她们的心始终一样。每一个母亲都有一颗极为纯真的赤子之心。"

寄 生 蜂

寄生蜂是最常见的一类寄生性昆虫，因为它可以寄生到一些害虫的体内，所以它也是保护植物免受敌害的生力军。寄生蜂的本领很大，不论害虫躲在什么地方，它们都能找到。寄生蜂以其特有的方式为人类默默地做着贡献，是我们忠实的朋友。

与捕食性昆虫不同的是，寄生性昆虫一般都是成虫积极地寻找寄主，当发现寄主后，将卵产于体内。幼虫孵化后不能主动寻找食物，靠取食寄主的营养，和寄主共生一段时间后才使寄主死亡。

寄生蜂种类很多，分别寄生于寄主的不同发育阶段，有的寄生蜂把卵产在被寄生昆虫的卵中。像赤眼蜂，因它经常把卵产在松毛虫、玉米螟、二化螟及甘蔗螟的卵中，幼虫就以寄生卵中的营养物质为食，所以可以大

▲寄生蜂

▲寄生蜂

自然传奇丛书

量消灭农林害虫。

有的寄生蜂产卵于寄生昆虫的幼虫体内。如雌马尼蜂可以把卵产在钻入树皮的天牛幼虫体内，以后它的幼虫便以天牛幼虫为食，直至吃得只剩一层皮。

有的寄生蜂产卵于寄生昆虫的茧内。如金小蜂经常产卵于危害棉花的棉红铃虫做的茧中。产卵前用产卵器先刺死棉红铃虫，然后再把卵生产在棉红铃虫的尸体上，一个茧内产十几粒卵，卵孵化出幼虫后以棉红铃虫为食。

有的寄生蜂产卵于成虫体内。如小茧蜂，它先用触角探探蚜虫的身体，然后弯曲腹部，射出纤状的产卵器，刺入蚜虫体内产卵。蚜虫刚开始时似乎没什么感觉，但不久便身体膨胀如球，变成黄褐色死去。

杜　鹃

春末夏初，当你在风景区内游览时，常常可以听到"布谷！布谷！"的叫声，或者是"早种苞谷！早种苞谷！"这种声音清脆、悠扬，非常悦耳动听；当听成"不如归去"时，又令人感到惆怅、忧伤。山民们都叫它"布谷鸟"，实际上就是杜鹃。

自然传奇丛书

▲杜鹃

▲苇莺抚育杜鹃幼子

古语说的"鸠占鹊巢"中的鸠，说的就有杜鹃。这是源于它独特的繁殖方式。因为杜鹃经常把自己的卵下在别的鸟巢里，并且杜鹃的卵形似寄主的卵，因此减少了寄主将它抛弃的机会；另外杜鹃成鸟往往会移走寄主的一个或更多的卵，以免被寄主看出卵数的增加，又减少了寄主幼雏的竞争。杜鹃幼雏一般会比别的鸟类早出生，而且只要一出生，甚至眼睛都没有睁开，它就会本能地把同巢的其他的鸟蛋推出鸟巢，并发出凄厉的叫声要吃的。养父母以为这是自己的幼鸟，便赶紧寻找食物喂它，甚至等杜鹃长得比养父母还大时，养父母还在义无反顾地照顾、喂养它。这样，杜鹃就成功地利用别的鸟为自己孵卵、育幼。

海 马

自然传奇丛书

▲海马"产子"

海马是一种奇特而珍贵的近陆浅海小型鱼类，因其头部酷似马头而得名，有趣的是它有马形的头，蜻蜓的眼睛，跟虾一样的身子，还有一个像象鼻一般的尾巴，皇冠式的角棱，头与身体成直角的弯度，以及身披"甲胄"的身体，还有垂直游泳的方式和世界上唯一雄性"产子"的案例。它的一双眼睛很特别，可以分别地各自向上下、左右或前后转动。

也就是说它本身的身体不用转动，即可用伶俐的眼睛向各方观看。有时候，一只眼向前看，另一只眼向后看，除了蜻蜓和变色龙之外，这是其他动物所不能做到的。

最有趣的就是海马的繁殖，居然是雄性"产子"。上图是一条腹部装满了卵的海马，它是一条雄海马而不是雌海马。每年的5～8月是海马的繁殖期，它的配偶将卵产在其腹部的育儿囊中，这比将这些卵产

想一想，议一议
海马真的是雄性产子么？

在海底更安全。它将携带这些卵度过四五个星期，因为它们需要花这么长的时间才能发育完全。当小海马们发育成熟以后，它们便会离开育儿囊，游到海底长满海草的安全地带。所以说是海马爸爸负责育儿，而不是真的由爸爸生小孩，爸爸的育儿袋只是起到了孵化器的作用，卵还是来源于妈妈。

鳄　　鱼

鳄鱼不是鱼，是爬行动物，鳄鱼之名，或是由于其像鱼一样在水中嬉戏，故而得名。人们的心目中，鳄鱼就是"恶鱼"。一提到鳄鱼，立刻会想到血盆大口，密布的尖利牙齿，全身坚硬的盔甲，时刻准备吃人的神态。而实际上鳄鱼长这副模样就是为了吃肉，所有的动物包括人都

▲爱子如命的鳄鱼

是它的食物，再凶猛的动物见了它也只能以守为攻主动避让，绝不敢轻易招惹它。

但是就是被认为是残暴和血腥象征的鳄鱼，却是一个非常尽职和无私的好母亲。在繁殖季节，雌鳄鱼会在水边的沙地挖坑筑巢，有的巢建在温度较高的向阳坡，有的巢建在温度较低的低凹遮蔽处。雌鳄鱼在产卵之后的68～72天时间里，不吃不喝地日夜看守，等待小鳄鱼孵化。当听到有小鳄鱼孵化的声音后，鳄鱼妈妈就会小心地找到它并用嘴巴轻轻地将小鳄鱼叼出卵壳，把它带到安全的水域。鳄鱼最多的时候可产五十多枚卵，雌鳄鱼会等待每个子女都安全孵化并送其去安全的地方，最长的时间需要两年才能将所有后代安置妥当。因为它是如此的爱子，因此失去后代对鳄鱼来说是严重的打击。小鳄鱼遇到敌害时会发出求救信号，雌鳄鱼便会及时赶来攻击退避敌害，保护小鳄鱼的安全。

自然传奇丛书

小 知 识

鳄鱼的巢建在不同温度的地方的原因是：因为鳄鱼的卵是利用太阳热和杂草受湿发酵的热量进行孵化的。这样做是为了平衡所产儿女的比例。

链接——鳄鱼与仿生海水淡化器

▲鳄鱼

▲海水淡化器

很多时候我们会发现，凶猛的鳄鱼在残忍地吞食别的动物的时候，总是流着"眼泪"。其实鳄鱼流泪是一种自然的生理现象，它们流泪的目的是在排泄体内多余的盐分。

科学家把鳄鱼眼泪收集起来进行化验，发现里面盐的含量很高，要排泄这些盐分本来可以通过肾脏和汗腺，但是鳄鱼的肾功能不完善，无法排泄，也无法通过出汗排盐，所以只能通过一种特殊的盐腺来排盐。鳄鱼的盐腺中间是一根导管，并向四周辐射出几千根细管，跟血管交错在一起，把血液中的多余盐分离析出来，通过中央导管排出体外，而导管开口在眼睛附近，所以当这些盐分离析出来时，就好像鳄鱼是在"流泪"一样。

现在，科学家根据鳄鱼和海生动物的流泪得到启示，模仿盐腺的构造原理，研制出一种体积小、重量轻、效率高、价格低的"仿生海水淡化器"，从根本上解决了海水淡化的难题。

乌鳢

乌鳢，即我们熟知的黑鱼，黑鱼有两大特点：一是十分凶猛，攻击力强；二是爱子如命，对其卵与幼鱼十分爱护，用一切力量加以保护。

其实，这都是生物繁衍成长的自然现象。雄鱼在多水草的浅水处筑巢，它们像燕子一样不辞辛劳地用口衔来草茎碎屑固定在植物上，用口腔分泌的黏液固定，通过身体的摩擦反复加固巢穴。做好一个巢穴通常需要花费几天的时间。待巢穴筑好后，雄鱼便会寻找雌鱼并引导其来巢穴中产卵。雌鱼产卵后，雄鱼就在巢内排出精液。

卵受精后，鱼爸爸对受精卵关爱有加，它一刻不离地守护在巢边，一有物体靠近，便迅速出击将其驱逐。仔鱼出生后，雄雌亲鱼一后一前，同时加以保护。

▲黑鱼

▲乌鳢

動 物 与 生 俱 来 的 本 领

你知道吗？

　　黑鱼也叫孝鱼，据说这是因为鱼妈妈每次生鱼宝宝的时候，都会失明一段时间，这段时间，鱼妈妈不能觅食，不知道是不是出于母子天性，也许鱼宝宝们一生下来就知道鱼妈妈是为了它们才看不见，如果没有东西吃会饿死，所以鱼宝宝自己争相游进鱼妈妈的嘴里，直到鱼妈妈复明的时候，她的孩子已经所剩无几了。传说，鱼妈妈会绕着它们住的地方一圈一圈地游，似乎是在祭奠。所以后来人们叫黑鱼为孝鱼。

　　护卵行为是很多雌性动物保护后代的方式，这种行为绝非偶然，因为这些动物必须通过这种方式来保证后代的生存，它们生活的环境里危机四伏，卵和幼体都极其柔弱，如不加以保护，必将成为敌人的食物。这也是自然选择的结果，是自然选择深刻在动物基因中的行为，也使得这种行为最终成为一种本能。

爱子如命——动物的育幼本能

曾经有人发现，丧子的母猴将夭折的孩子拥在怀中，整整 10 日不肯撒手，那种痛彻心扉的悲伤，让闻者无不动容。很明显，这已经超出了动物的本能行为，但是与人类的身体和心灵上的育幼行为相比，动物的育幼行为大部分还是停留在本能阶段。

▲母鸡育幼

幼体自卵中孵出或自母体娩出后，有的发育程度较高，立即可独立生活，如无脊椎动物、鱼类、两栖类、爬行类、部分鸟类（如鸡、鸭、鹤），少数哺乳类（如野兔、海獭），这种现象称为早成性。

有的发育程度较低，无独立生活能力，需亲体照顾，如大多数鸟类和哺乳类。有袋类的幼子实际上是早产，

▲大熊猫育幼

需在育儿袋内发育，这种现象称为晚成性。晚成性的幼体最需亲体照顾。

有育幼行为的动物中，最低等的要算海葵，幼体生活于成体体内至变态成熟。口育鱼的幼体常在成鱼周围活动，遇险即游入成鱼口中。雌鳄也

自然传奇丛书

自然传奇丛书

▲育儿袋中的小袋鼠

能帮助幼鳄出壳，并引导它们下水，提供短期保护。鸟类的育幼行为更明显，亲鸟为喂哺幼鸟终日忙碌，且往往是雌雄双双出动。

哺乳动物的育幼行为主要靠雌体完成，雌体以乳汁哺育幼儿。但单配偶的哺乳动物（如狐）和集体生活的哺乳动物（如狼），雄体也参与哺喂断乳的幼儿。育幼的动物，成体不但给幼体喂食，也在其学习中起了重要作用，至幼体成熟，即与之分手，甚至将其逐出家门，使之独立生活。

一般的护幼行为由亲体完成，但也有一些护幼行为是集体进行的。这既见于社群性昆虫，也见于一些鸟类和哺乳类，如犀鹃的几个雌体和几个雄体组成群，各雌鸟均在一个巢中产卵，全体参加护幼工作。非洲猎犬集体捕猎时，部分雌体及雄体留下照顾幼儿，并分享猎物。社群性昆虫也是集体护幼的例子，如工蜂会照料巢中幼虫——它们的姐妹。

知 识 窗

亲鸟在喂哺幼鸟时，往往先喂个体较大的雏鸟，其意义是保证强壮的个体成活，以免全窝死亡。

袋　鼠

袋鼠是一种可爱、与人为善的动物，面部长得像鼠类，拥有强有力的后肢和粗壮的尾巴，前肢却不怎么发达。最值得一提的是袋鼠的生长和繁殖。

母袋鼠怀孕 40 天左右就产仔。而还没有发育完全的小袋鼠，自己便会从母袋鼠的泄殖腔里爬出来。刚出生的小袋鼠的身长只有 20 毫米左右，体重还不到 1 克。它的耳目紧闭，后肢被一层胎膜包裹着。浑身肉红色，像一段蚯蚓似的蠕动着。

▲刚出生的小袋鼠

这时候，母袋鼠半仰着身子，尾巴从两腿之间伸出来，静静地躺着。它已经用舌头从尾巴根部向着育儿袋方向舔出了一条潮湿的"小路"。小袋鼠虽然又聋又瞎，可它凭着本能，用有力的前肢，沿着母袋鼠舔出来的"小路"，左右摇晃着，艰难地爬进育儿袋里。小袋鼠往母亲的育儿袋里爬的时候，它总是头朝下进去，然后在袋子里打个滚，转正成放松、舒适的姿势，就如同平躺在吊床上一样。小袋鼠爬进育儿袋的这段路程大约需要 3 分钟时间才能完成。对于如此幼小，发育不完全的胚胎来说，

▲育儿袋中的幼袋鼠

这确实是一种了不起的技能。一爬进育儿袋，它就开始寻找奶头。育儿袋里共有 4 个奶头，幼袋鼠摸索着含住一个奶头。一含住它，这个奶头就会很快地膨胀成球形，塞满小袋鼠的嘴巴，幼袋鼠在这个奶头上，一挂就是六七个月。在这期间，育儿袋强有力的肌壁能把幼仔牢牢地包裹在袋中，即使是母

体以最高速度奔逃时，小袋鼠也会安安稳稳，不受丝毫影响。

点击——终年带着孩子的袋鼠妈妈

▲澳大利亚国徽上的袋鼠形象

袋鼠的繁殖力强，由于母袋鼠长着两个子宫，右边子宫里的小仔刚刚出生，左边子宫里又怀了小仔的胚胎。袋鼠长大，完全离开育儿袋以后，这个胚胎才开始发育几周左右，再用相同的方式降生下来。这样左右子宫轮流怀孕，如果外界条件适宜的话，袋鼠妈妈可以一边照顾已经出了育儿袋的孩子，一边照顾还在育儿袋中的小袋鼠，另一边的子宫中还可以孕育一个新的小袋鼠胚胎，这样一整年都在忙着带孩子。

由于大袋鼠只有澳洲才有，被澳大利亚人民视为他们国家的象征；同时由于袋鼠只会往前跳，永远不会后退，也象征了永不退缩的精神。所以在澳大利亚的国徽上，就有大袋鼠的形象。

讲解——袋鼠的育儿袋

袋鼠妈妈这一套利用育儿袋养育幼袋鼠的方法，还引起了医学家的兴趣。1984年，两位美国医生从袋鼠的育儿方法得到启示，发明了一种养育人的早产婴儿的新方法。早产婴儿的生活力很差，过去都是放在医院的暖箱里养育的。没有暖箱，早产婴儿很容易死亡。这两位医生发明了一个人工制造的育儿袋，婴儿放在育儿袋里，又温暖，又能及时吃到妈妈的奶。而且，婴儿贴着妈妈的身

▲人造育儿袋

52

体，听着妈妈的心跳，生活力可以大大提高。现在这一方法也被用于方便带孩子出行。

狼

狼是群居性的物种。一群狼的数量大约在 5～12 只之间，在冬天寒冷的时候最多可到 40 只左右，通常以家庭为单位的狼群由一对优势配偶领导，而以兄弟姐妹为一群的则以最强一头狼为领导。

狼群雌雄性分为不同等级，占统治地位的雄狼和雌狼随心所欲进行繁殖，处于低下地位的个体则不能自由选择。雌狼产子于地下洞穴中，雌狼经过 63 天的怀孕期，生下 3～9 只小狼。刚降生的小狼既看不到东西也听不见声音，因为耳朵是叠在前额上的。这段时间，没有自卫能力的小狼，要在洞穴里过一段日子，公狼负责猎取食物。在群体中成长的小狼，非但父母呵护备至，而且，族群的其他同伴也会爱护有加。狼和非洲土狼会将杀死的猎物，

▲狼

▲狼育幼狼

撕咬成碎片，吃下腹内，待回到小狼身边时，再吐出食物反哺。雌狼有时也会在族群中造一育儿所，将小狼集中养育，由母狼轮流抚育小狼，毫无怨言。因此，我们可以说狼的家庭观念极强。

自然传奇丛书

知识库——舐犊之情

　　舐犊之情是哺乳动物对刚出生小兽的最初的爱，这种行为并非单纯表达了爱，对于幼仔的健康成长也有一定的作用，不但为它们清洁了身体，还能促进其肠胃的蠕动，以助消化。

▲人类爱护自己的孩子

　　动物的情感是伟大的，它们用各自的方式表现了对子女本能的爱护，可是与人类相比，这种爱还是有局限性的，比如它们只能守护、哺育和教会幼仔简单的生活技巧。无论如何，人类还是区别于低等动物的高级动物，人类具有第二信号系统，可以用语言传达给下一代更多的东西，并且从孩子出生前到出生后都能给予更为理性和有效的呵护，不仅将孩子健康地抚养长大，更可给予其思想上的教育。因此人类的护幼是本能与思维感情的结合，更为深沉和多样化。"谁言寸草心，报得三春晖"。我们人类作为有思想有灵魂的高等动物，应当懂得感恩，懂得回报父母为我们不辞辛劳的付出！

动物的取食和定向行为

　　无论是比一个句号还要小的蠕虫，还是大象和蓝鲸这样的大型动物，吃都是第一位的。动物的种类不同，食性自然也就不同，进化程度不同，捕食手段也就千差万别。虽然形态各异的动物们取食行为多种多样，但是每种动物都需要有一个"方向"，这个"方向"指引它们行走，指引它们捕食，指引它们逃跑，也指引它们适应自然。而这个方向就是各种动物对时间和空间的定位。

▲两条鲨鱼正在享受洄游的沙丁鱼大餐

以食为天——动物的取食行为

"民以食为天",众多的动物同样要"以食为天",这是一条千真万确的自然法则。但是,各种动物的食性不同,也就决定了每种动物的取食手段不同,在这一章,我们来了解一下一些动物在各自的进化过程中所形成的取食本能与天性。

▲取食

自然传奇丛书

餐桌背后的较量——动物的各种取食方式

自然传奇丛书

植物可以利用光合作用来生产自己所需的营养物质，可是对于动物来说，要存活下来，第一个要学会的本领就是从外界获取食物来养活自己。在长期的进化过程中，有些动物一出生，就会本能地张嘴要吃的；有些动物则学会了未雨绸缪，在粮食充足的时候储存粮食，以待不时之需，并且把这种行为"深刻"在基因中，成了本物种的天性。总之，各种动物都发挥其专长，形成了自己独特的取食方式。

▲幼鸟乞食

动物的取食行为是指包括全部与获得食物和处理食物有关的活动。包括觅食、取食、乞食、贮食、捕食、反捕食。

各种动物在长期的进化过程中都把一些有利于本物种取食的基因保留了下来，致使很多种动物一出生就具有了取食的本能。虽然在取食行为中有很多都是后天学习才获得的，但是一些刚出生的幼兽在完全没有学习的基础上就知道吃食。例如，大部分雀形鸟类在懵懂状态下就可以向"父母亲"乞食，而有些动物一出生就要靠自己出去觅食，还有一些动物如鼠类则是储藏食物的高手，不管粮食够不够吃，它会一个劲儿地储食，也许是它们的祖先挨过饿，所以这储食的本能就被遗传了下来，不过不管怎样，这都是有利于种群发展的。

发展本能需要器官功能专门化予以配合。也就是说，动物必须配备适合本能行为的专用器官，本能才是有效的。也许蜜蜂的祖先曾经是一种杂

食动物，它们的口器既适合吸食花蜜，又能咀嚼其他食物。一旦蜜蜂中出现了新的变种，它们的口器最适宜吸取花蜜，却不利于咬碎植物的叶片和果实。如果这种情况正好发生在花朵繁茂的时代，这个新的变种就获得了强大的生命力。在别的个体大量死亡的同时，拥有这种特殊口器的蜜蜂越来越多，以至在蜂群中取得了绝对优势，蜜蜂向吸食花蜜方面的进化就成功了。蜜蜂身上的

▲松鼠储粮

▲老虎锋利的尖牙有利于撕扯食物　　▲温顺的奶牛的牙齿有利于磨碎草料

绒毛、腿上凹陷都是与采集花粉的行为相适应，向专一方向演化的结果。可见，适合本能行为的专用器官，是和本能行为同步形成的。所以，如我们所知，牛羊一类草食动物长了一副便于咬碎植物枝叶的臼齿，其下颌以研磨为主的运动方式，与牙齿的结构特点相配合。而虎豹类食肉动物则长了一副适合撕咬食物的锋利的尖牙，这也是与它们因为长期适应环境所发展出来的专门的器官。

　　动物在取食过程中最多的当然是捕食，许多动物在进化过程中就形成了有利于它们捕食的一些器官。例如，有些动物利齿锐爪，感觉敏锐，体

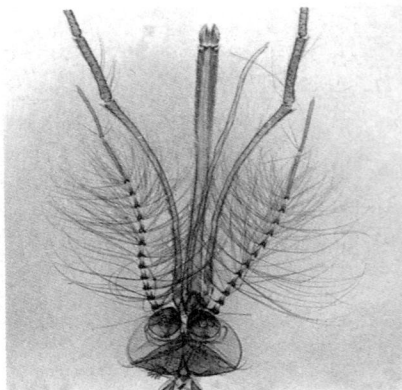

▲蚊子的口器适于吸食血液

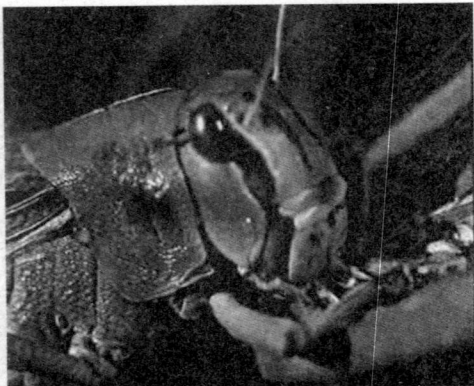

▲蝗虫的口器适于碎叶片

魄矫健，如猛禽、猛兽。它们或扑杀，或穷追，或相互合作。如狼群，在大风大雪的冬季，在北方广漠的原野间三五十只饿狼呼啸而过，任何大小动物都难幸免。

轶闻趣事——人算不如天算

▲狼群

1812 年冬季，拿破仑大军由莫斯科败退回欧洲的路上，有一大群狼日夜袭击他们。这虽然是一支败军，但还是全副武装的。这场人狼大战的结果是 130 只狼被射杀，但同时也有 24 名士兵被狼咬死或拖去吃了。

乞 食

乞食通常是指幼小动物向双亲要求提供食物的姿态、动作或发声。这种行为在社会性昆虫和脊椎动物的抚育后代行为中经常可见。哺乳动物的幼仔，一生下来就能吮吸乳汁，大袋鼠的欠发育的小小幼仔，眼睛还没有睁开的时候就能爬入育儿袋中咬住乳头不放，开始还无力吮吸，要靠乳房壁的肌肉收缩，挤给它吃。人类生下来，只要有东西放到嘴里，就开始吮吸。母亲的乳头、奶嘴，甚至手指，一概用吮吸对付，这就是动物的乞食本能。

银鸥的雏鸟出壳后完全依赖双亲提供食物，雌、雄鸥轮流外出觅食，回巢后再把食物反吐出来喂给雏鸥。当雏鸥饥饿时，就会用喙啄击双亲喙上

▲只要巢稍有震动就会张嘴乞食的乌鸦

▲幼乌鸦乞食

的红色斑点，这种乞食行为可刺激双亲把食物反吐给它。雏鸥吃饱后，乞食行为便不再发生，双亲便停止喂食。幼小动物的乞食行为对双亲往往是一个特定的信号刺激，而双亲的喂食则是对这一信号刺激做出的反应。雀形目的很多鸟类如乌鸦等，其雏鸟只要感受到巢的震动，就会伸长脖颈张开大嘴乞食，稍稍长大后便会直接向双亲乞食。它们的口内常常具有醒目的标志，实际是对双亲的信号刺激。

觅　食

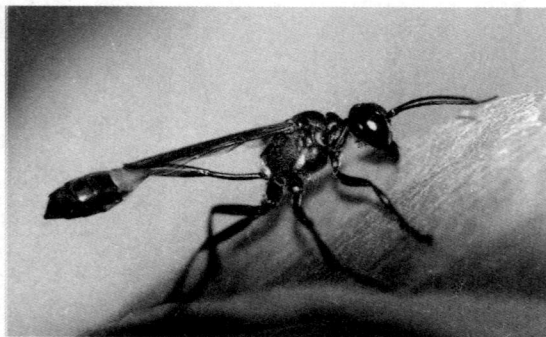

▲沙蜂

觅食是动物的一种本能，也是一种能力，同种动物在食物紧缺时，也有可能互相残杀，这叫有能力者生，能力弱者被淘汰，这对于种群来说保存了强者。同时，对于被猎食动物来说，由于被捕食的总是一些年老体弱或者有伤病的个体，这对被猎食动物种群朝着良好的方向进化起到了推动作用。觅食在动物的一生中占有极其重要的地位，它是先天遗传和后天学习的结果，并且后天学习占有很大成分，但是，对于一些动物来说，它们一出生就看不到或者已经失去了父母，这时候，先天遗传的觅食本能就发挥了作用。

例如，春天里，当一只雌性沙蜂从地下羽化出来的时候，它的双亲早在前一年的夏天就死去了。它必须同一只雄性沙蜂交尾，然后开始在地下挖洞，建筑巢室，外出狩猎，把猎物（蛾类的幼虫）麻醉并带回巢室，产卵然后死去，而这所有的事都没有榜样可循，都是凭着本能在做。再如，蝉的幼虫要在地下生存三到十几年，然后才有机会钻出地面，这时候，它也不知道自己的父母是谁，一切行动全靠本能，然后它们会朝着任何垂直于地面的高的物体上爬，取食则是靠着一坚硬的内部中空的长管口器来吸食树中的汁液。

储　食

我们经常可以观察到乌鸦的"储食行为"：它们先将食物藏起来，在需要的时候再取出来吃掉。还有兔子、小蜜蜂、蚂蚁都是在自己的洞里过冬，因为冬天出去找食会很冷，所以提前把整个冬天的粮食准备好过冬。

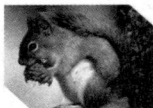

▲田鼠

▲树洞中的松鼠

松鼠也是储存食物的高手。松鼠最爱吃松子，秋天来到了，一个松塔完全成熟后掉到了地下，一只松鼠便追逐着松塔从树上跑了下来，抱着松塔飞快地嗑了起来，嗑松子的时候，松鼠的速度是非常快的，它的牙齿非常灵敏，只需稍微一碰，它就知道哪个松子是空的，哪个是又大又好的。不过即使很

▲松子

快，它现在可顾不上吃，它要做的就是尽快把这些松子埋藏起来，一般情况下一个松塔里面大约有100多粒松子，它每次取出来三五粒后就跑出去埋上，松子埋好之后，它并不急于马上走，而是用小爪子再拍打几下，使得埋过的地方完全不留痕迹。这样反反复复几十次才能把松塔上的松子全部埋完。实际上，出于对食物占有的本能，它一经发现食物，就在原地很快地给处理掉，因为它怕其他同种动物跟它竞争。一只松鼠常将几公斤食物分几处贮存，它不仅会在地上挖洞，也会利用树洞储存食物。有时还见到松鼠在树上晒食物，不让它们变质霉烂，这样，在寒冷的冬天，松鼠就不愁没有东西吃了。

自然传奇丛书

友情提醒——红松的播种者

▲吃东西时的松鼠

冬天的大地被积雪覆盖，但松鼠仍能毫不费劲地找到所藏食物，因为松鼠的嗅觉极为发达，它能毫不费劲儿地找到自己埋食物的地方。当然，有时候也会有遗漏，但正因为埋在地下遗漏找不到才有助于红松种子的扩散和传播，促进了天然更新。所以，松鼠也是红松的种植者。

指南针——动物的定向行为

相信我们每个人都会辨认方向，那你有没有想过我们是怎么样来分辨方向的呢？对，我们是靠视觉，白天，我们可以通过太阳来分辨方向，在夜里，我们也可以通过观察北极星来分辨方向，在熟悉的地方，我们也可以通过我们熟悉的地表建筑物来分辨方向，而且我国在很早的时候就已经发明了罗盘仪和指南针，通过看指南针，我们也很容易知道哪个是南方，哪个是北方。那么自然界中的其他动物也是靠视觉来分辨方向的吗？接下来我们就来了解一下。

自然传奇丛书

▲罗盘仪

自然传奇丛书

心中的罗盘——各种动物的定向本领

欧洲园莺自幼在笼中饲养，至秋季迁飞时节经常面向西南方（习惯迁飞的方向）。这说明定向行为有其遗传基础，是一种本能行为。定向活动是动物生活的一个重要方面，大多数动物在其活动区域中都有其特殊的定位方法。

动物的定向可以分为这几个方面：视觉定向、听觉定向、化学定向和磁场定向。

视 觉 定 向

很多动物都是以视觉作为定向的主要工具。根据观察、实验，鸟类在白天飞行，大多是根据太阳的位置来定向；夜间飞行则是靠星辰来定向。也有许多实验证明，有些鸟类依靠视觉和非视觉系统一起来定向。这说明，动物定向的机制是非常复杂的。

大麻哈鱼在海洋中游弋是靠太阳为罗盘来导航的。淡水湖泊中的鱼，如一种白鲈鱼，有固定的产卵地，若将其捕获，系上标记物，然后驾船观察，会发现若天气晴朗，它们能游回产卵地，若遇阴天，则失去方向，这

▲鸟的迁徙

▲鸟以太阳为罗盘

说明它们的游弋是依靠太阳为罗盘来定向的。

实验室内养的椋鸟在春秋迁飞时期即表现躁动不安，当置于四面只有窄窗的笼内，在无云天时经常朝向迁飞方面。但若在笼外用镜子将光亮方向顺移90°，则椋鸟朝向的角度也顺移90°。因太阳始终在运动，以太阳做指针定位，必须知道时间。

实验——信鸽的指针定位

以信鸽做实验，将它囚于密闭室内，室内明暗交替，较外界日夜周期错前6小时。经过一段时间的训练，信鸽体内生物钟提前6小时。然后将实验鸽和作为对照的正常信鸽携至家巢的南方，并于清晨时释放。结果发现对照信鸽朝北飞（返家方向），而实验组却主要朝西飞。这可能因为清晨太阳在东，北方在太阳之左，正常鸽时间感正确，即朝太阳左方飞去。但实验鸽的时间感提前6小时，自觉已至中午，中午太阳在南方，是时北方应在太阳的对方，所以它便向太阳对方飞去，实际是朝向西方。

▲鸟以太阳为罗盘

某些鸟类还以星辰为指针。许多小鸟夜飞，也靠星辰导航。有一项研究，用人工日照条件模仿春天和秋天。跖鸟在人工春天条件下生活一定时

自然传奇丛书

▲视觉定向

间后，置于星象馆中，则向北飞行；若在人工秋天条件下生活一定时间，置于星象馆中，则向南飞。这说明它们对星空的反应取决于它们的生理状态。进一步的研究证明，导航不要求所有星座的存在，只有北极星与附近的星座的相对位置才是导航所必需的。

理论上讲，只要找到星空旋转时的不动点，便可知道北极所在，也就定出南北方向。莺辨识能力很高，实验时只要屋顶上显示出主要星辰，甚至星空并不旋转，它也能定向，这说明莺能辨识星空图像。以上实验都说明，很多候鸟能以天体做指针导航。自然，这绝不是唯一的手段。例如很多鸟在密云之下仍可借磁场保持航向。鸟类的平衡器官（前庭）也可能有助于维持航向，类似于飞机的惯性导航系统。

听 觉 定 向

声音在某些动物的空间定向中起关键性的作用。这些动物在空气中或水体中发出的声音，遇到前方物体而造成的回波，能够被动物所识别，借以判定物体的位置，称为回声定位。如蝙蝠就是靠回声定位去避开障碍物和寻找食物的。

蝙蝠是唯一能真正飞行的哺乳动物，它分辨声音的本领很高，耳内具有生物波定位的结构，非常适合在黑暗中生活，它的眼睛几乎不

▲蝙蝠的口和鼻发出超声波

起作用，通过发射生物波并根据其反射的回音辨别物体。飞行的时候由口和鼻发出一种人类听不到的短促而频率高的声脉冲，这些声波遇到附近物体便反射回来。蝙蝠用耳朵接收反射回来的回声，然后确定猎物及障碍物的位置和大小。这种本领要求高度灵敏的耳和发声中枢与听觉中枢的紧密结合。如果把蝙蝠关在布满铁丝的暗室中，它能穿行无阻，即使把眼睛蒙上，也不会撞到障碍物。但如果把它的耳朵堵

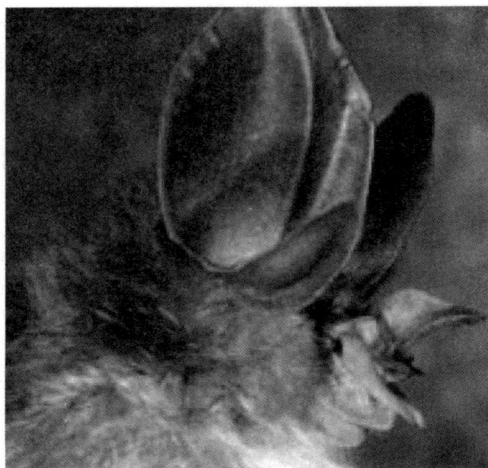

▲ 蝙蝠用耳朵接收回声

上，它就无能为力了，这说明蝙蝠的这种定向是听觉定向。

　　与蝙蝠不同的是，豚类的发声不是由声带的振动引起的。多数学者认为，其声波是由鼻道发出的。根据测试得知豚类可发出多种不同频率的声波，其中频繁的、高音调的声音向前传播时，遇到物体便可产生回声，豚类接收回声后，把对回声的感觉转换成为神经信号传到大脑，经过听觉中枢的分析，就可确定物体在水中的具体位置。

　　除了蝙蝠、齿鲸类之外，具有回声定位系统的哺乳动物还有食虫类的短尾鼩及马岛猬科的种类。在鸟类中至少有两种，即油鸟和金丝燕也能进

自然传奇丛书

▲ 海豚

▲ 北美短尾鼩鼱

行回声定位。与蝙蝠相同的是，如果将这两种鸟的耳朵塞住，它们在自己穴居的黑暗洞中也会与岩壁相撞或互相碰撞；与蝙蝠不同的是，它们在光亮的地方却用视觉来识别物体，只是在黑暗的情况下才用其声呐系统来获取、分辨环境的信息，并做出迅速的反应。

小故事——回声定位的应用

回声定位法除了启发我们发明了雷达之外，还有可能帮助我们"听"路。

2008年2月10日，英国《星期日泰晤士报》网站报道，盲人的听力通常更加敏锐，有证据显示，经过培训，他们能利用听力解读回声，进而在脑中形成一系列详细形象，包括物体距离、甚至大小和密度等。支持这一理论的人把这称为"人回声定位术"。他们说，盲人借助手杖能确定路上的障碍物，而回声定位术能让盲人"360度看到"周围环境。

经过培训后，盲人运用这种方法由听到回声时间判断物体距离；由左耳先听到还是右耳先听到判断物体方位；由回声强度判断物体大小；由回声音调判断运动物体前进方向，比如当物体背向盲人运动时，回声音调较低。

《星期日泰晤士报》还说，一批试用"人回声定位术"的美洲失明人士已能通过解读回声音质，区分人、树、建筑和静止车辆。一些盲人说，他们已能靠听辨回声确定周围约30米内物体高度、密度和形状。

化 学 定 向

化学定向即依靠对化学物质的感受来定向。这在社会性昆虫、水生动物以及某些哺乳动物的活动中起着重要作用。食物、配偶或天敌都可散发出特殊气味，形成一个自内向外由高到低的浓度场。动物可借浓度梯度辨别气味源的方向。例如，狗会沿途小便，利用化学信号，供作返程时的路标。各种鱼的洄游是靠鱼对河中特有的各种化学物质的嗅觉返回原地。试验证明，如果将鲑鱼的鼻孔堵塞，它们就不能洄游到其出生的河流里。

蚂蚁是用分泌物的气味来进行交流的。由于它们平时都生活在一个蚁巢中，所以这种交流方式比其他膜翅目的昆虫发育得要好，一个蚂蚁如果发现了食物，它就会在回家的路上留下一路的气味，其他的蚂蚁就会沿着

这条路线去找食物，并不断地加强气味。如果这里的食物被采集完了，没有蚂蚁再来，气味就会逐渐消散。如果一只蚂蚁被碾碎，就会散发出强烈的气味，立即引起其他蚂蚁警惕，都处于攻击状态。有的种类的蚂蚁还会散发一种迷惑敌人的气味。织叶蚁的巢蚂蚁和其他昆虫一样，是依靠触角辨别气味的，触角的第一节膨粗，有膝状弯曲，非常灵活。由于触角是一对，因此既能辨别气味的强度，也能辨别气味来源的方向距离，成虫通过其气味互相了解对方的健康和营养状况，以及对方发现的食物等信息。同时也能区别对方属于从事哪种任务的集团，如是负责挖洞筑巢的，或是负责搜集食物的等。蚁后也不断地分泌一种气味，一旦这种气味停止了，工蚁就会培养新的蚁后。

▲千鳍鱼（又称魔鬼鱼）洄游

▲蚂蚁利用触角交换信息

自然传奇丛书

磁 场 定 向

磁场定向是指动物体内存在着的受磁场影响而定向的系统。家鸽从遥远的地方返回，亦是靠太阳导航，阴天时则需耗费较长的时间才能寻找到"家"。若阴天时在家鸽颈上系上磁铁，它们就会迷航，找不到家，这说明家鸽也能利用地球磁场来导航。蝙蝠的导航能力绝不仅限于回声定位，它体内具有磁性"指南针"导航功能，可依据地球磁场从数千千米外准确返回栖息地。

▲鸽子

实验——蝙蝠的磁性导航能力

美国新泽西州普林斯顿大学生物学家理查德·霍兰德和同事们在大褐蝙蝠身体上装配了微型无线电发射器，然后从它们栖息地向北 12 英里处释放，在蝙蝠返回栖息地的过程中，研究小组通过小型飞机在蝙蝠上空进行监控。一些未受人造磁场干扰的蝙蝠基于日落、磁场识别能力向南飞行，很轻易地就找到了自己的老家。处于人造磁场环境中的蝙蝠，被干扰了原来正确的航向，结果"误入歧途"，回不到自己的老家了。

该研究是科学家首次揭示蝙蝠具有磁性导航能力，有助于进一步增进科学家对蝙蝠导航飞行的认知。

动物的防御行为

在我们生活的地球上，现存着 150 多万种动物。在这个数量庞大的大家庭中，弱肉强食是其永恒不变的法则。可是，当面对比自己强大的对手时，谁也不会甘心束手就擒，想尽一切办法求生是所有动物的本能。动物们为了逃避敌害、保存自己，进化出各种奇妙的自卫本领，说起来真是千姿百态、妙趣横生。本章将为大家介绍几种典型的动物防御行为。

▲蜗牛的壳是它的天然防御屏障

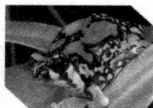

竖起防御的铜墙铁壁
——防御行为的初步认识

在动物的世界里，有一个不变的法则，那就是"弱肉强食"。为了生存，蚕食其他弱小动物是每个动物的天性，所以，这里处处是危险，时时有敌人，一不小心就会丢了性命。在这样一个你死我活的世界里，为了保存自己，每个动物都进化出了防止遭受攻击或者一旦遭到攻击怎样逃遁的本领，而这其中就有相当一部分

▲麝牛

的本领是在自然选择中被保留下来的，祖先赋予它们的特有本能，都有哪些呢？

防 御 行 为

防御行为是指动物为对付外来侵略、保卫自身的生存或者对本族群中其他个体发出警戒而发生的任何一种能减少来自其他动物伤害的行为。可区分为初级防御和次级防御。初级防御不管捕食动物是否出现均在起作用，它有助于减少与捕食动物相遇的可能

▲联斑棉红蝽的警戒色

自然传奇丛书

性；次级防御则只有当捕食动物出现之后才起作用，它可增加和捕食动物相遇后的逃脱概率。初级防御有四种类型，即穴居、保护色、警戒色和拟态。次级防御有六种类型，即回撤、逃遁、威吓、假死、转移攻击部位和反击。

轶闻趣事——肛门后盾的警戒行为

▲鹿的肛门后盾

鹿是山林中常见的动物，鹿的短尾所遮盖住的肛门周围是白色的，称为肛门后盾，平时感觉不到它的作用，但在遇到危险时，鹿尾的姿态和肛门后盾却起着异乎寻常的功能。当鹿发现有"敌人"靠近时，如鹿尾垂直不动，表示周围有值得注意的异常情况，然而是吉是凶，是敌是友还需要做进一步的观察，周围的鹿见此信号（平时在宁静的环境中，鹿尾总在不停地摆动着），立即警觉起来，向四周观望。当为首的鹿尾巴向后呈水平方向伸出时，表示来者是敌害，最后将肛门后盾无遮挡地露出来，这是一般警告，表明可能有危险，要提高警惕。一旦狼来了，拔腿便跑，尾巴马上向上竖起，白色的后盾全部显露出来，这是紧急的危险警告，这时所有的鹿都把尾巴竖起，跟着为首的鹿跑去。这个例子就是一个次级防御的例子，包括了鹿在遇到敌害时向同伴发出警告和逃遁的防御行为。

初级防御行为

初级防御不管捕食动物是否出现均在起作用，它有助于减少与捕食动物相遇的可能性。初级防御有四种类型，即：穴居、保护色、警戒色和拟态。

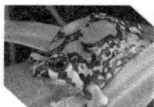

穴　居

营穴居生活的动物使捕食者很难发现。蚯蚓和鼹鼠等动物终生都生活在地下并形成了极特化的习性和食性；野生穴兔在晨昏和夜晚才在地面觅食，而在易被捕食动物发现的白天则隐藏在洞穴中。

保护色

很多动物的体色与环境背景色很相似，因此不易被捕食动物发现。如螽斯的体色是绿色的；水体表层的浮游动物常常是透明的；北极地区的哺乳动物和鸟类每年可变色两次，夏季时雷鸟和雪兔是褐色的，此时它们在岩石和稀疏的植丛中栖息和觅食，但到冬季，它们全身变白，与茫茫雪原混为一体，所以它们在两个季节都能隐蔽自己。

▲鼹鼠穴居

自然传奇丛书

▲螽斯的保护色

▲箭毒蛙的警戒色

警戒色

有毒的或不可食的动物往往具有极为鲜艳醒目的色彩，这种色彩对捕食动物具有信号和广告的作用，能使捕食动物见后避而远之。胡蜂和黄蜂的身体具有黑黄相间的条纹，它的作用不是隐蔽自己而是起警戒作用。每一个捕食动物在学会回避警戒色以前，至少得捕食一个具有警戒色的动物，在尝到了苦头后才能学会回避它，这就叫条件回避反应，很多脊椎动物都形成了条件回避反应。

拟 态

一种动物如果因在形态和体色上模仿另一种有毒和不可食的动物而获得好处，这种防御方式就叫拟态。一种无毒的物种模仿一种有毒的物种叫贝茨拟态，如食蚜蝇模仿蜜蜂。两种有毒的物种互相模拟叫缪勒拟态，这种模拟对双方都有好处。

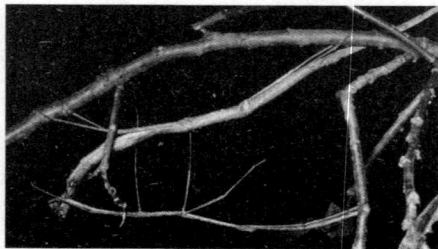

▲竹节虫的拟态

次级防御行为

▲刺猬

次级防御只有当捕食动物出现之后才起作用，它可增加和捕食动物相遇后的逃脱概率。次级防御有六种类型，即：回撤、逃遁、威吓、假死、转移攻击部位和反击。

回 撤

回撤是穴居动物最有效的次级防御手段，野兔一遇到危险就

立即逃回洞内；管居沙蚕遇到危险则立即缩回到自己的管内。在同样情况下，有壳动物会缩入壳内，有刺动物则会滚成球或将刺直立起来，保护其软体部位。

逃 遁

当捕食者接近时，很多动物往往靠跑、跳、游泳或飞翔迅速逃离，有时采取直线运动，有时采取不规则运动。例如夜蛾和尺蠖蛾在蝙蝠离它们较远时采取直线飞行，以便尽快飞出蝙蝠的搜索区，但当蝙蝠离它们较近时，便采取飘逸不定的不定向飞行，使蝙蝠难以捕捉。非

▲动物的逃遁

洲猎豹快速追捕瞪羚时，瞪羚在全力奔跑一阵以后，会突然停住，马上改向一侧跑去。如果它不拐弯，仍然直跑的话，那么它很有可能被猎豹抓住。瞪羚虽然跑得不是很快，但它在奔跑过程中有这种急转弯的特殊本领，因此它常常能从猎豹的爪下逃脱。

威吓与反击

不能迅速逃跑或已被捉住的动物，往往采用威吓手段进行防御。蟾蜍在受到攻击时会因肺部充气而使整个身体膨胀起来，造成一种身体极大的虚假印象。

如果不能把对方吓跑，或者已经遭到捕捉，大部分动物都会进行反击。栖居在北极苔原地带的麝牛，在遇到狼的袭击时，会把幼牛保护在牛群中间，成年的麝牛成群地围成圆阵，个个头朝外，用犄角与狼

▲番茄蛙的威吓术

自然传奇丛书

搏斗。在这种阵势下，狼是无能为力的，一般只好一退了之。

假死与转移攻击部位

▲眼蝶

很多动物都会以假死的习性来逃避捕食动物的攻击。如很多甲虫、螳螂、蜘蛛和哺乳动物中的负鼠等。这些动物通常只能短时间地保持假死状态，之后便会突然飞走或逃走。

有些动物是通过诱导捕食动物攻击自己身体的非要害部位而逃生的。眼蝶和灰蝶的翅上常常生有一个或多个小眼斑，其作用是吸引捕食动物的攻击，从而使身体的头部或其他要害部位免受攻击。很多蜥蜴在受到攻击时会主动把尾巴脱掉，以后会再生出新的尾巴。

比一比——初级防御与次级防御

初级防御不管捕食动物是否出现均在起作用，它有助于减少与捕食动物相遇的可能性，一般是指动物的形态，为静态描述，均为本能，是遗传基因传递下来的。次级防御只有当捕食动物出现之后才起作用，它可增加和捕食动物相遇后的逃脱概率，一般是指动物的行为，为动态描述，大部分也是本能的体现，可是也有一部分较为复杂的防御行为是需要通过后天学习获得的。

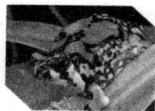

望而生畏——颇有威慑力的警戒色

▲希神蛾

　　我们在生活中会遇到很多色泽鲜艳、美丽漂亮的动物，像美丽的蝴蝶、漂亮的青蛙等，可是，千万不要被它们美丽的外表所迷惑而去触碰它们，越是好看的动物就越是碰不得。这是怎么回事呢？下面就为大家介绍动物的另外一种防御本领——警戒色。

自然传奇丛书

　　警戒色是指某些有恶臭和毒刺的动物所具有的鲜艳色彩和斑纹。这是动物在进化过程中形成的，可以使敌害易于识别，避免自身遭到攻击。

　　警戒色就像是动物们自己给全身上下打了个广告："我是有毒食品"或者"我有恶臭"，看到了这种广告，猎食者通常都会避而远之。

比一比——警戒色与保护色

　　保护色是指动物适应栖息环境而具有的与环境色彩相似的体色。其特点是与环境色彩相似，不易识别。因此，保护色对于动物躲避敌害或猎捕其他动物都是有利的。警戒色是指某些有恶臭或毒刺的动物所具有的鲜艳色彩和斑纹。其特点是色彩鲜艳，容易识别，能对敌害起到预先示警的作用，因而有利于动物的自身保护。

毒蝶和毒蛾

不少蝴蝶和蛾及其幼虫都具有鲜艳色彩和花纹的警戒色，可举的例子数不胜数，如金凤蝶、毒蝶科蝴蝶、珍蝶科蝴蝶等，其中体内含有醋酸胆碱的斑蝶科蝴蝶是最著名的具有警戒色的蝴蝶类群。其体内的醋酸胆碱是从食物中一点一点积累下来的，因为它们以夹竹桃科和萝摩科等有毒的植物为食。这种蝶

▲斑蝶科蝴蝶

类如果被鸟类吞食，其毒毛会刺伤鸟的口腔黏膜，分泌的毒素会使捕食者麻痹中毒，这种毒蝶的色彩就成为鸟的警戒色。这种生物对捕食者构成了威胁或伤害，其艳丽夺目的体色成为捕食者终生难忘的预警信号。一旦再次看到，远远地就躲着走了。

小资料——太阳毒蛾

▲太阳毒蛾

生活在非洲马达加斯加的彩虹燕蛾，翅膀以绿色为底，上饰黑斑，后翅装点有大玫瑰红和三条优美的尾突，通体反射出华丽的金属光泽，被收藏家誉为世界上最华丽的蛾类。可是在美轮美奂的外表下却暗含剧毒。据科学家测试，一只这种蛾体内所含的毒素，可以杀死10~15只兔子！难怪当地土著人又给它起了一个非常合适的别名——太阳毒蛾，这个名称准确的诠释是："有着太阳般美丽光泽的剧毒飞虫"。

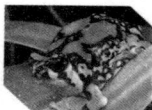

小贴士——猫头鹰蝶

猫头鹰蝶分布于巴西和秘鲁。下层两侧翅膀上分别有一处像猫头鹰眼图案，可欺骗捕食者，让对方误认为正有一只大眼睛动物在凶狠地瞪着自己。这也是每一个蝴蝶收藏家都想得到的精品蝴蝶。

▲猫头鹰蝶

毒　蛙

世界上最美丽的青蛙当属生活在美洲热带地区的箭毒蛙了，它们体型小，通常长仅1～5厘米，但非常显眼，颜色为黑与艳红、黄、橙、粉红、绿、蓝的结合。这些颜色使箭毒蛙显得非常与众不同——它们不需要躲避敌人，因为攻击者不敢接近它们。箭毒蛙能够分泌某些最强的毒素，这种两栖类的动物身体各处散布的毒腺会产生一些影响神经系统的生物碱。最致命的毒素来自南美的哥伦比亚产的科可蛙，只需0.0003克就足以毒死一个人。

红背箭毒蛙　　　　蓝宝石箭毒蛙　　　　画眉箭毒蛙

▲各种美丽的箭毒蛙

自然传奇丛书

讲解——早期的毒药

印第安人很早以前，就利用箭毒蛙的毒汁去涂抹他们的箭头和标枪。他们用锋利的针把蛙刺死，然后放在火上烘，当蛙被烘热时，毒汁就从腺体中渗析出来。这时他们就拿箭在蛙体上来回摩擦，毒箭就制成了。用一只箭毒蛙的毒汁，可以涂抹五十支镖、箭，用这样的毒箭去射野兽，可以使猎物立即死亡。

胡　蜂

胡蜂分布于全世界，是一种令人见而生畏的昆虫。它长约 16 厘米，触角、翅和跗节都为鲜亮的橘黄色；身体乌黑发亮，有黄条纹和成对的斑点，这种颜色搭配使得胡蜂很引人注目，远远地见它飞来就应及早躲避了，不然被蜇一下就有得受了。但是我们不知道

▲胡蜂

的是，并不是所有胡蜂都会蜇人。雄蜂腹部 7 节，无螫针，这种蜂是不会蜇人的。雌蜂腹部 6 节，末端有由产卵器形成的螫针，上连毒囊，分泌毒液，毒力较强，蜇人很疼。

小知识——处理蜇伤的方法

一旦被蜇也不必惊慌，这里向大家介绍一下处理蜇伤的小常识。轻度蜇伤：黄蜂毒是酸性的，所以应该立即用碱水冲洗；中度蜇伤：可立即用手挤压被蜇伤部位，挤出毒液，这样可以大大减少红肿和过敏反应，或立即用食醋等弱酸性液体洗敷被蜇处，伤口近心端结扎止血带，每隔 15 分钟放松一次，结扎时间不宜

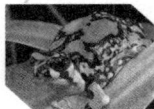

超过 2 小时，尽快到医院就诊。另外，在黄蜂密集地区作业时要穿长衣长裤，注意面部、手的防护，不要激惹黄蜂。

毒　蛇

▲体色鲜艳的毒蛇

毒蛇一般都具有亮丽颜色的花纹或斑点，例如白唇竹叶青，腹面为淡黄绿色，各腹鳞的后缘为淡白色，尾端呈焦红色；金环蛇通身有黑色与黄色相间的少数明显的棱骨，黑色环纹和黄色环纹几乎等宽。常在野外活动的人应该多多积累一些毒蛇的知识，能够识别一些主要的种类，这样才能够躲避敌害，以防受伤。

人们一般认为毒蛇有毒，然而毒蛇的毒液只能在血液中才能起到相应作用，而饮用毒液则不会对人体造成伤害。毒蛇的毒液通常以唾液形式从尖牙射出，用来麻痹敌人。

认识毒蛇的误区

误区一：小蛇无毒。

很多情况下，刚孵化出不久的小蛇有可能比它那茶杯粗的蛇妈妈毒性大。比如大蛇捕食频繁，咬人时注毒量较少。反之，小蛇尤其是刚刚孵化的小蛇较少捕食，因此咬人时注毒量相对较多，而且小蛇大多初生牛犊不怕虎，对人凶狠。许多养蛇专业户甚至蛇类专家都吃过这个亏。

另外蛇的种类不同，毒性强弱也不同，如银环蛇的个头通常很小，但

自然传奇丛书

是它的蛇毒毒性却极强。所以，哪怕遇到小蛇，也不能掉以轻心。相信有些人看到过这样的场面：几个男生拿着大棒、石头追打一只拼命逃窜的小蛇。现在应该知道，这并不好玩。况且，蛇类本身是一种对人类极其有益的动物，我们应该尽量保护野外的每一种生物。

▲焦尾白线竹叶青

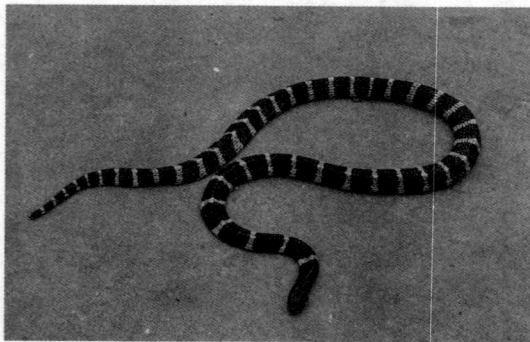

误区二：被蛇咬过，但是几十分钟内没有不适感，那一定是无毒蛇。

这是非常错误的想法。实际上，有些毒蛇咬伤后的症状要经过1～4小时才能显现出来。比如福建附一医院曾收治了一个8岁大的小孩，他被银环蛇咬伤后4小时才出现症状，耽误了最宝贵的抢救时间，后来经各方全力

▲银环蛇

抢救，仍然昏迷了一个多星期才苏醒。医院收治的这类蛇伤病人不在少数！

误区三：蛇咬了，吾命休矣。

毒蛇占多数，被无毒蛇咬伤的人，因为精神过度紧张，也可能因惊恐而出现伤口剧痛红肿甚至昏倒的现象。这是心理暗示的结果。

即便是有毒蛇咬伤，大多数也因多种因素的关系，毒蛇咬人时不一定放出毒液或把足够量的毒液注入人体，被毒蛇咬伤的人只有小部分中毒症状比较严重，个别人有生命危险。

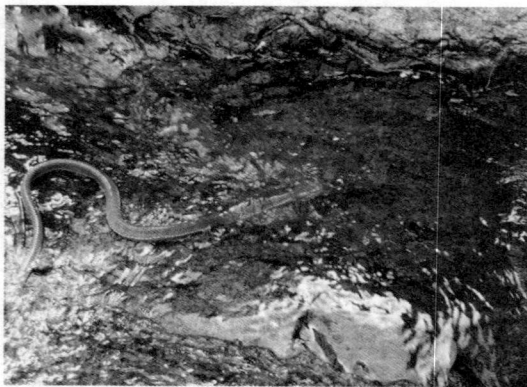

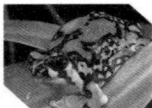

小资料——响尾蛇导弹

▲响尾蛇导弹

响尾蛇是一种毒性很强的蛇，它有一种能探测周围环境中温度变化的红外线感受器，长在眼睛与鼻孔之间的颊窝里。由于响尾蛇具备了这种红外线感受器，在黑暗中也能准确无误地捕获猎物。美国的海军武器研究中心利用这一原理，研制出一种空对空导弹的敏感器件，能够探测来自目标的红外辐射，从而紧紧盯住目标不放，直至把目标摧毁，这种导弹被命名为"响尾蛇导弹"。

警戒色形成新解

上一节已经介绍过保护色是怎样通过进化而形成的，但是这种生物警戒色如何用进化论来解释呢？这种防范措施的进化理由基于如下事实：这些昆虫吃的食物常有特殊物质，累积在虫体内，使昆虫味道差或有毒，并可由幼虫转移到成虫，捕食者取食后会有不适或呕吐现象。于是这些昆虫借助鲜艳色彩

▲大帛斑蝶幼虫

来增强捕食者的印象，使吃过苦头的捕食者下次不敢再犯，这就是警戒色

所得到的保护效果。

小资料——警戒色的应用

警戒色运用的例子不胜枚举，会放刺激性臭屁的各种蝽类、会分泌恶臭黏液的马陆、自藏毒针的马蜂以及多种毒蛇都有各自的警戒色。动物运用色彩的本领给人类不少启示，动物中最常用的警戒色——红色和黄色，就被世界各地的人们用来设立警示标志。现在，一些专家正在研究利用有害动物惧怕的色彩来驱逐它们的办法，如在船底涂上橙红色来吓跑鲨鱼。

▲红黄警示标志

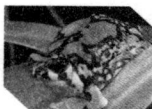

以假乱真——惟妙惟肖的拟态术

▲拟态

拟态术是动物的另一种巧妙的伪装术。为了躲避敌害的袭击，一些动物将自己的形态惟妙惟肖地装扮得与外界环境中的物体一样。

如尺蠖极似树枝，凤蝶幼虫极似鸟粪等。

如果不仔细看的话，谁能发现左图中潜伏在花丛中的貌似花枝的螳螂呢？

要想知道动物们各种各样的拟态术，就让我们一起来阅读这一节的内容吧！

自然传奇丛书

拟　　态

拟态是指一种生物在形态、行为等特征上模拟另一种生物，从而使一方或双方受益的生态适应现象。是动物在自然界长期演化中形成的特殊行为。拟态包括三方：模仿者、被模仿者和受骗者。这个受骗者可为捕食者或猎物，或同种中的异性。在宿主拟态现象中，受骗者和被模仿者为同一物。许多有毒、味道不佳或有刺的动物往往具有警戒色，

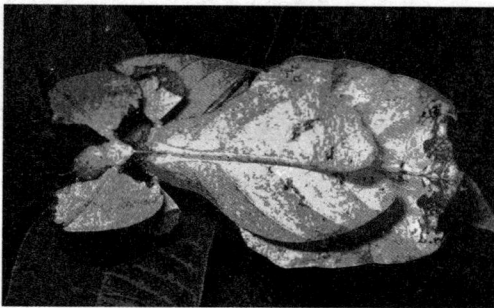

▲拟态

这点常为其他生物所模仿。

叶 形 鱼

叶形鱼又名枯叶鱼、叶鱼、多棘叶形鲈，原产地在亚马孙河、圭亚那。这种生活在小河里的小鱼儿，身体扁平呈黄褐色，头部前端还生长着一个和叶柄相似的吻突，当它在水底不动时，与落在水中的树叶毫无差别。

▲叶形鱼

澳 洲 海 马

▲叶海龙

澳洲海马，又名叶海龙，外观像海藻叶又像龙的叶海龙，无疑是海洋鱼类中最让人惊叹的生物之一。除了叶海龙之外，还有一种草海龙，这两种海龙都只产于澳洲南部近海一带。

叶海龙是海洋生物中杰出的"伪装大师"，它伪装的道具是精细的叶状附肢。叶海龙的身体由骨质板组成，并向四周延伸出一株株海藻叶一样的瓣状附肢。此外叶海龙还利用其独特的前后摇摆的运动方式伪装成海藻的样子以躲避敌害。成体叶海龙的体色可因个体差异以及栖息海域的深浅而呈绿色到黄褐色不等。

自然传奇丛书

▲海马

海马是优秀的伪装大师,它们神秘的色彩和独特的直立游泳姿态使它们和深海植物相融合。那么它们是在什么时候又是为什么会进化出这些神奇的特性,一直以来都是一个谜。时至今日,这个谜才被解开。

大约是在2500万年前地壳构造活动使印度洋和太平洋交界处出现了浅水栖息地。在这些浅水区,海草非常的兴旺,而且很快在周围的环境中繁衍开来,最终形成现在的这种生态环境。研究人员认为海马的祖先就是在这里进化的。横向游泳的鱼生活在长满海草的海床上不能很好地和周围的环境相融合,很容易被它们的天敌所捕食。而进化中的海马祖先似乎找到一种解决办法:垂直形态游泳,这使得海马完美地融入周围长满海草的生态环境。

枯 叶 蝶

枯叶蝶学名枯叶蛱蝶,枯叶蝶为世界著名拟态的种类。前翅顶角和后翅臀角向前后延伸,呈叶柄和叶尖形状,翅褐色或紫褐色,有藏青光泽,翅中部有一暗黄色宽斜带,两侧分布有白点,两翅亚缘各有一条深色波线。翅反面呈枯叶色,静息时从前翅顶角到后翅臀角处形成一条深褐色的横线,加上几条斜线,酷似叶脉。翅里间杂有深浅不一的灰褐色斑,很像叶片上

▲枯叶蝶

自然传奇丛书

的病斑。当两翅并拢停息在树木枝条上时，很难与将要凋谢的阔叶树枯叶相区别。

烟幕——拟态的应用

枯叶蝶的拟态有着重要的科研和实用价值。1941年，德国侵略军侵入苏联境内，遭到苏军将领依托伪装设施进行的节节抵抗。著名的蝴蝶专家施万维奇主持设计一整套蝴蝶式防空迷彩伪装，将防御、变形、伪装三种方法相互配合起来，给列宁格勒的众多军事目标披上了一层神奇的"隐身衣"，有效地防御了侵略军的进攻。实践证明，枯叶蝶的拟态在军事科学上有着重大的意义和作用。

章　鱼

章鱼有着发达的头脑，它的聪明程度超出你的想象：它可以分辨镜中的自己，也可以走出科学家设计的迷宫，吃到迷宫中的螃蟹。

章鱼有高超的脱身技能，它有8个腕足，腕足上有许多吸盘，这使得它的"臂力"惊人。有时会喷出黑色的墨汁，帮助逃跑。由于章鱼能将水存在套膜腔中，依靠溶解在水中的氧气生活，因此它离开了海水也照样能活上几天。章鱼之所以能在大海里横行霸道，是与它有着这些特殊的自卫"法宝"分不开的。

▲ 章鱼

可是，在这里将要着重向大家介绍章鱼的拟态术，依靠着它柔软异常的身体，它可以变化出许多形状，有时把自己伪装成一束珊瑚，有时又把自己伪装成一堆闪光的砾石。看下图这些章鱼是不是千变万化，各式各样呢？

自然传奇丛书

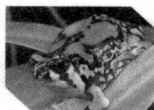

章鱼还有十分惊人的变色能力，它可以随时变换自己皮肤的颜色，使之和周围的环境协调一致。有人看到即使把章鱼打伤了，它仍然有变色能力。

实验——章鱼的变色本领

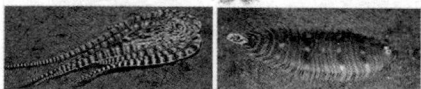

▲章鱼的各式伪装

美国科学家鲍恩把一条章鱼放在报纸上解剖，令人惊讶的是即将死去的章鱼在它身上竟然出现了黑色字行和白色空行的黑白条纹，这是为什么呢？

原来，在它的皮肤下面隐藏着许多色素细胞，里面装有不同颜色的液体，在每个色素细胞里还有几个扩张器，可以使色素细胞扩大或缩小。章鱼在恐慌、激动、兴奋等情绪变化时，皮肤都会改变颜色。控制章鱼体色变换的指挥系统是它的眼睛和脑髓，如果某一侧眼睛和脑髓出了毛病，这一侧就固定为一种不变的颜色了，而另一侧仍可以变色。高超的变色加上变形能力，章鱼不愧有"伪装大师"的称谓。

小知识——保护色与警戒色的协调使用

蓝目天蛾的前翅颜色与树皮相似，后翅颜色鲜明并有类似脊椎动物眼睛的斑纹，遇袭时前翅突然展开，露出颜色鲜明而有蓝眼状斑的后翅，将袭击者吓跑。保护色与警戒色协调使用，使得它的生存能力大大提升。

▲蓝目天蛾

自然传奇丛书

看我强不强——貌似强大的威慑术

根据动物学家的野外观察，几乎没有一种动物对猎物会轻举妄动，即使单只动物，在捕食时它也会小心翼翼，以防不测。因此，不管掠食动物多大、多凶，它们在捕食时也都时时在防卫着自己，更何况许多被猎动物会施展虚张声势的绝招，可以转危为安，免于一死。动物们这种在遇到危险时，将自己武装起来，摆出一副决一死战的架势，是出于自卫的本能，这在自然界中是十分常见的，我们这里就将其称之为貌似强大的威慑术。

▲蟾蜍

彩 虹 蛙

▲马达加斯加彩虹蛙

马达加斯加彩虹蛙生活在马达加斯加岛上的岩石和干燥的丛林中，它们在峡谷的浅水池中繁殖，这种青蛙能够适应周边岩石环境，并在岩石上攀爬，甚至它们还可以在垂直表面爬行。当它们受到威胁时，它们身体会膨胀起来，对掠食者形成防御姿态。敌人看到这副不依不饶的架势，立马就会打起退堂鼓。

狮 子 鱼

在印度洋里有一种狮子鱼，它的身长不过 20 厘米左右，可是却有一副凶狠的怪相，背上长有尖而锐利的鳍。当敌人来临时，狮子鱼就将背鳍跷得高高的，眼睛睁得圆圆的，显得威武不可侵犯的样子，它的这副凶相往往会将敌害吓退。

▲狮子鱼

澳洲皱皮蜥蜴

澳洲皱皮蜥蜴又名伞蜥蜴，分布于澳大利亚、巴布亚岛和新几内亚岛。体长约 80～90 厘米。身体微扁并覆盖着细小的鳞。不仅能用后腿站立，前肢和尾悬空，且身体能直立着跑，而且能用颈部周围的鳞状膜进行防御。

伞蜥蜴是澳大利亚最引人注目的蜥蜴。它们的颜色从暗红到褐色变化不一，虽然它的性情十分温和，但是如果这种蜥蜴被逼得走投无路，它们就会做出惊人的威胁展示。在它们的脖子周围，会张开一块亮红色和黄色

嘴大大张开使脖子上的褶皮展开。

这一大片松弛的皮肤平时是折叠起来的。

▲伞蜥蜴

▲伞蜥蜴

自然传奇丛书

自然传奇丛书

的斗篷，好像头部突然扩大了好几倍，相当于其身体的宽度，使亮红色的嘴巴暴露出来。同时，它们摇摆着，发出嘶嘶声，看上去像是要发动进攻。通常它们皱褶呈黑色，而当受到威胁或求偶期间张开的皱褶则出现黄、白、鲜红等色彩，这常常足以让敌人后退。如果行不通的话，它们就会收起斗篷，跑到最近的一棵树上去。

蝶　类

孔雀蝶栖息在嫩枝上时，翅膀是合拢的；一旦遇到惊扰便立刻张开翅膀，露两块色彩鲜明的大斑点，看上去好似两只大眼睛，这种图案的突然出现，可令敌害惊恐而离去。

▲孔雀蝶

南美洲有一种卡里果蝶，它后翅上的图案形状和色彩均很像猫头鹰的头部，如果遇到鸟儿追捕它时，就立刻头部向下，后翅朝上，鸟儿见了以为是碰到了凶恶的猫头鹰，吓得马上飞逃而去，不敢再来侵犯它了。

眼　镜　蛇

▲眼镜蛇

眼镜蛇是眼镜蛇科中的一些蛇类的总称，主要分布在亚洲和非洲的热带和沙漠地区。眼镜蛇最明显的特征是颈部，该部位肋骨可以向外膨起用来威吓对手。因其颈部扩张时，背部会呈现出一对美丽的黑白斑，看似眼镜状花纹，故名眼镜蛇。

我国的眼镜蛇是一种著名的有

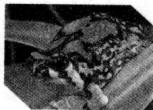

毒蛇，颈部背间有醒目的眼状斑纹，遇到人时，头部抬起，颈部膨大，并发出"呼呼"声，使人不敢轻易惊扰它。

看世界——耍蛇

▲耍蛇

走在印度各大城市的街头巷尾，时常可以看见一些身着民族服装云游四方的耍蛇人。每当他们吹起悠扬而又显神秘的笛声时，一条条色彩斑斓的眼镜蛇便会昂起"恐怖"的脑袋，乖乖地从篮子里探出身来，随着乐曲翩翩起舞，让人叹为观止。

眼镜蛇是耍蛇人喜爱的一种蛇类，耍蛇人会吓唬蛇，使之采取身体前部抬离地面，并扩张颈部的防卫姿势。蛇对耍蛇人的动作做出摇摆的反应，也有可能是对耍蛇人的音乐做出的反应。耍蛇人知道如何躲避蛇较慢的攻击动作，而且可能已将蛇的毒牙拔除。

自然传奇丛书

吼　猴

南美洲的吼猴，有一个宽阔的下颌，围住一个膨大的喉头，喉头里的舌骨形成一个"共振箱"。当一只吼猴在吼叫时，其声带振动发出的声音，通过"共振箱"变得十分洪亮，在近5千米的范围内都可听到。实际上，吼猴的吼叫并不是无知的喧闹，而是向其他猴群发出的一种虚张声势的"示威"，宣布："这里是我们的领土，不要进来！"即使碰上大蟒蛇那样的敌害，只要吼猴群合力吼叫，也可使敌手心惊胆战。

▲南美吼猴

说到这里，大家是不是想到了热播的电影《金刚》，里面的主角就是身体巨大、体色黝黑，长有长手长脚的巨型黑猩猩金刚，它的招牌动作就是挥舞着双臂用力地捶打自己宽阔的胸脯，同时，张开大口，面色铁青，露出獠牙，大声吼叫着，这个画面充分展现出这位王者的风范，就像是在向世界宣告："我是这里的统治者，谁也休想侵犯我。"

金刚当然是电影人杜撰出来的虚构的形象，可是体现出的是动物在遇到危险时必然会表现出的一种威慑敌人的本能。

会发电的动物——出其不意闪电战

大自然是个最伟大的造物主，它的一双无形之手创造了数不尽的奇迹。动物们为了生存，进化出各样本领，其中一些可谓是叹为观止，令我们这些自以为是的人类自愧不如。直到 19 世纪初，人类才发明了发电机，可是你们可知道，有些鱼类天生就具有发电的本领，谁要是敢接近它们，想要企图

▲ 电鲇

不轨，那么就等着领教一下它的电力吧！这一节，就将要向大家介绍神奇的动物——电鱼。

电　鱼

自然界中有许多生物都能产生电，仅仅是鱼类就有 500 余种。人们将这些能放电的鱼，统称为"电鱼"。

▲ 电鳗

除日本产的日本单鳍电鳐及太平洋和地中海的石纹电鳐外，电鲇、电鳗等都能发出强烈电流，把人击昏，甚至可击毙渡河的牛马。

各种电鱼放电的本领各不相同。放电能力最强的是电鳐、电鲇和电鳗。中等大小的电鳐能产生 70 伏左右的电压；

自然传奇丛书

而非洲电鳐能产生的电压高达 220 伏；非洲电鲶能产生 350 伏的电压；电鳗能产生 500 伏的电压；有一种南美洲电鳗竟能产生高达 880 伏的电压，称得上"电击冠军"，据说它能击毙像马那样的大动物。

你知道吗？——电鱼发电的秘密

电鱼放电的奥秘究竟在哪里？经过对电鱼的解剖研究，终于发现在电鱼体内有一种奇特的发电器官。这些发电器是由许多叫电板或电盘的半透明的盘形细胞构成的。

电鱼体内的这些细胞就像小型的叠层电池，当它被神经信号所激励时，能陡然使离子流通过它的细胞膜。当产生电流时，所有这些电池（每个电池电压约 15 伏）都串联起来，这样在鱼的头和尾之间就产生了很高的电压。许多这样的电池组又并联起来，这样就能在体外产生足够大的电流。用这些电流足以将它的猎物或天敌击晕或击毙。淡水里的电鱼需要更多的电池串联在一起，因为淡水的电阻较大，产生同样的电流需要更高的电压。

电鱼发电的原理

电鱼的种类不同，所以发电器的形状、位置、电板数都不一样。电鳗的发电器呈菱形，位于尾部脊椎两侧的肌肉中；电鳐的发电器形似扁平的肾脏，排列在身体中线两侧，共有 200 万块电板；电鲶的发电器起源

▲ 电鳗

自然传奇丛书

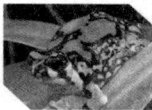

于某种腺体，位于皮肤与肌肉之间，约有 500 万块电板。单个电板产生的电压很微弱，但由于电板很多，产生的电压就很大了。

而实际上，生物电广泛存在于各种生物体内，只要形成一种特殊的机理来释放出来，或者放大一下，就是放电功能了。

小知识——电鱼为什么电不着自己

电鳗的放电器官在身体的两侧，而且它大部分的身体或重要的器官都由绝缘性很高的构造包住，在水中就像是一个大电池。我们知道电流会由电阻最小的通路经过，所以在水中放电时，电流会经由水（电阻比电鳗身体小）传递，电鳗并不会电到自己。但如果电鳗被抓到空气中，因空气的电阻比它身体的电阻更大，放电的话就会电到自己了。另外，如果电鳗受伤使两侧的绝缘体同时破损的话，放电时就会像两条裸露的电线一样发生短路的现象。

▲ 电鳗

自然传奇丛书

自然传奇丛书

小贴士——电鱼对人类的启示

　　电鱼这种非凡的本领，引起了人们极大的兴趣。19世纪初，意大利物理学家伏达，以电鱼发电器官为模型，设计出世界上最早的伏打电池。因为这种电池是根据电鱼的天然发电器设计的，所以把它叫作"人造电器官"。对电鱼的研究，还给人们这样的启示：如果能成功地模仿电鱼的发电器官，那么，船舶和潜水艇等的动力问题便能得到很好的解决。

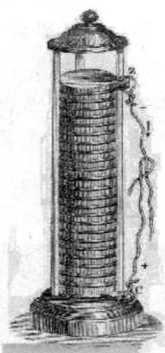

▲伏达和他发明的伏打电池

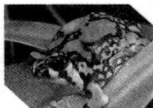

置之死地而后生——偃旗息鼓的装死术

中国一直都有一句古语叫作"置之死地而后生"。可是，你可知道，就有许多动物生来就有这个绝活，叫作装死，逼真的程度令我们这些自以为聪明的人类都辨不出来呢。

▲装死的负鼠

金 龟 子

金龟子属无脊椎动物，昆虫纲，鞘翅目，是一种杂食性害虫，有假死现象，受惊后即落地装死。看，左图这只四仰八叉地躺在地上一动也不动的金龟子，大家可别以为它已经死了，它这是在等待大家不注意的时候，伺机逃跑呢。

▲金龟子

负 鼠

▲负鼠

▲把聪明的人类也给骗过了

负鼠是有袋目负鼠科的通称，是一种比较原始的有袋类动物，主要产自拉丁美洲。负鼠的天敌很多，比如狼、狗等等，但是在遭遇敌害的时候，它们还是有一些绝活的，否则也无法生存到今天。

负鼠在躲避敌害时有一个"装死"的绝招，十分灵验，可以迷惑许多敌害。它在即将被擒时，会立即躺倒在地，脸色突然变淡，张开嘴巴，伸出舌头，眼睛紧闭，将长尾巴一直卷在上下颌中间，肚皮鼓得老大，呼吸和心跳中止，身体不停地剧烈抖动，表情十分痛苦地做假死状，使追捕者一时产生恐惧之感，在反常心理作用下，不再去捕食它。如果这种戏剧性地翻倒还不足以迷惑对方的话，负鼠会从肛门旁边的臭腺排出一种恶臭的黄色液体，这种液体能使对方更加相信它已经死了，而且腐烂了。此刻，当追捕者触摸其身体的任何部位时，它都纹丝不动。大多数捕食者都喜欢新鲜的肉，一般动物死后，身体就会腐烂并且全身布满病菌，捕食者遇此情况就会离去。因此，不少食肉动物看见负鼠的确已经"死"了，鼻孔中一点气也不出，连体温都下降了许多，所以就不再管它了。待敌害远离，短则几分钟，长则几个小时，负鼠便恢复正常，见周围已没有什么危险，就立即爬起来逃走，拣得一条性命。

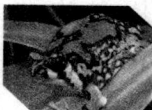

它们会在疾奔中突然立定不动，这种快速刹车的本领恐怕在世界上还没有其他动物能与之匹敌，也正是它们的这种本领迷惑了捕食者。捕捉它们的动物往往会被这个动作吓得大吃一惊，也急忙"刹车"，并且还会再停在那里，好一会儿"丈二和尚摸不着头脑"。而这时，站立不动的负鼠却又突然跃起，疾步逃奔。这种突变使追捕它们的动物感到惊慌失措，常常站在那里呆若木鸡，眼睁睁地看着煮熟的"鸭子"又飞了。等追捕者清醒过来想再去捕捉负鼠时，它们早已跑得无影无踪了。负鼠的这种本领使它们在动物界赢得"刹车手"的称号。

负鼠"装死"的真相

"装死"时的情况，与癫痫病人的举动实在太像了。不过，人患了癫痫症会感到十分痛苦，而且担心以后会复发。然而，负鼠的"癫痫症"就不同了，不仅无痛无痒，还是死里逃生的一种绝招。一遇到危险，"癫痫症"就马上发作。

那么，负鼠的"癫痫症"为什么会发作得如此快呢？原来，负鼠在遭到

▲负鼠

敌害威胁或袭击时，体内会很快分泌出一种麻痹物质，这种物质迅速进入大脑，会使它立即失去知觉，躺倒在地，似乎已一命归天。这种"假戏真做"的办法，是大自然赋予负鼠的一种特殊的自卫本能。

实验——负鼠 "装死" 的真假

　　怎么解释这种违反生理学常规的现象呢？负鼠的骗术是真是假呢？负鼠是不是被吓得休克，过一阵子又清醒过来，并不是有意识地装死，体温的急剧下降或许是有特殊的生理机制呢？

　　科学家采用一种仪器对负鼠进行检测，发现了负鼠装死的奥秘。由于动物的大脑细胞能够不断地发出脉冲，形成一种生物电流。根据大脑生物电流的特性，完全可以判断出动物是睡觉还是麻木，是昏迷还是清醒。对装死的负鼠进行仪器测试，仪器记录下来的电流图表明，它们在装死时，其大脑细胞一刻也没有停止活动，甚至比平时更为活跃。显然，负鼠在装死时肯定在紧张地等待逃命的机会，它既未昏迷，也没休克，是真正地装死。

舍兵保帅——委曲求全的断肢术

看着这条断掉而被遗弃的尾巴是不是有点触目惊心呢？别担心，这叫作舍兵保帅，虽然这条尾巴的主人丢失了一条尾巴，却保全了自己的性命，是不是很划算啊？所谓舍得舍得，有舍才有得。究竟哪些动物会断肢术呢？

▲壁虎丢弃的尾巴

转移攻击部位

很多动物是通过诱导捕食动物攻击自己身体的非要害部位而逃生的，环颈常常靠分散捕食者注意力的炫耀行为来保卫自己的巢和雏鸟，当捕食者接近鸟巢时，亲鸟会装作受伤的样子垂翅奔走，待到把捕食动物吸引到远离鸟巢时便会突然腾空飞走。

有些动物身体上生有许多小眼斑，其功能与前面谈到的作为警戒色的大眼斑完全不同，例如，有些蝶类的翅上生有一个或多个小眼斑，其作用是吸引捕食动物的攻击，从而使身体的要害部位（如头部）免受

▲美眼蛱蝶

攻击。

实验——厉害的眼斑

　　有人曾在黄粉甲幼虫的头部和尾部画上眼斑，结果大大增加了黄胸鸦对头端和尾端的攻击率，与只涂棕色不画眼斑的对照相比，头端啄食率从 61.9％增加到了 78.4％，尾端啄食率从 58.5％增加到了 65.4％。

　　这一实验证实了小眼斑确实有转移捕食者攻击部位的功能。但生有小眼斑的不利之处是可能更吸引捕食者的注意，例如，在眼蝶每一前翅的顶部生有一个小眼斑，当眼蝶停下来时，除了眼斑外其他部位都是隐蔽的，过几秒钟以后才把眼斑隐藏起来。如果有捕食者一直在注意着眼蝶的行动，当眼蝶停下来时，捕食者将首先攻击它的小眼斑，此时眼蝶就会逃脱，只是留下一个残翅。如果在眼蝶停下来后的几秒钟内未遇到攻击，则说明附近没有捕食者，于是它就会把小眼斑隐藏起来。

　　另一种转移攻击的方法是诱使捕食者攻击那些可以牺牲和有刺激性的部位，例如，海蛞蝓生有鲜红的乳突，如果它受到骚扰，这些乳突就会随处摆动，鱼类便会叮咬它们，乳突被咬掉后还可以再生，但是由于乳突含有刺细胞和腺体分泌物，所以捕食者会把它们丢弃，以后就不会再攻击它。很多蜥蜴在受到攻击时会主动把尾巴脱掉，但蜥蜴的尾巴是可食的，捕食者还是从攻击中获得了好处。这种例子还有很多，像壁虎、螃蟹和海星等，下面就着重具体介绍几种给大家。

▲海蛞蝓

自然传奇丛书

壁虎、螃蟹

壁虎是我们在日常生活中常见的爬行动物，身体扁平，四肢短，趾上有吸盘，能在壁上爬行。吃蚊、蝇、蛾等小昆虫，对人类有益。

壁虎在受到强烈干扰时，它的尾巴可自行截断，以后还能再生出来新尾巴。壁虎的断尾，是一种"自卫"。当它遇到敌害时，别的动物要捉壁虎，往往以为揪住或按住壁虎的尾巴就可以捉住它，其实壁虎的尾部肌肉可以强烈地收缩，脱断尾巴，马上逃掉，使要捉它的动物空喜一场。壁虎脱断原有尾巴后，不久还可以再长出一条新尾巴来。这种现象，在动物学上叫作"自切"。

▲壁虎断尾之后可以再生

▲螃蟹断臂之后还可以再生

自然传奇丛书

长出新尾巴的原因是生物的特性。每种生物的生理功能不一样，所以有些特别的地方。壁虎为了逃脱敌害的追捕，就断掉尾巴逃跑，但是它还可以长出新的尾巴。它们身体里有一种激素，这种激素能再生尾巴。当壁虎尾巴断了的时候，它就会分泌出这种激素使尾巴长出来，这种激素科学家一般叫成长素。其实和我们大家看见自己的头发、指甲长出来是一样

自然传奇丛书

的。有些细胞可以再生，有些不可以，壁虎的尾巴就含有再生性细胞，能通过激素的刺激使尾巴的细胞活跃，再长出新的尾巴。还有些动物也可以，比如蚯蚓，身体断了可以再长。螃蟹的钳子断了之后也可以再长出来。

动物的社群行为

在自然界，多数动物都是在群体中生存的，海洋里数不清的鱼群，天空中自由翱翔的鸟群，陆上奔跑的羊群、鹿群、马群……它们这样成群结队的行为并不是无意识、无意义的，在弱肉强食的自然界中，结合成数量庞大的大家族增加了它们取食、繁殖、防御敌害等能力的筹码。有一句话说得好："团结就是力量"，在我们人类看来具有团队精神，懂得精诚合作是一种值得赞颂的美德。可是，在动物世界里，这一点却是它们与生俱来的本能，它们生来就懂得，只有依靠团队才能够保存自己，才能够繁衍生息。

▲鹿群

群体的力量——社群行为的初步认识

动物们喜欢合群，地球上没有绝对孤独的个体。群体的力量与个体相比，显然要大得多，无论在取食、防身、繁衍后代等方面都是如此。大自然选择强者生存，而只有群体行动才会显示强大的力量，才会成功，这一节就为大家讲述动物的社群行为。

▲动物的社群行为

社 群 行 为

社群行为也叫群体行为或社会行为，是指生物中一种合群的行为。如聚集爬行的虫类、成群洄游的鱼类、集体迁徙的鸟类、结对活动的兽类等都是动物的社群行为。社群行为具有社会性的特点，可以以声音、信息素、激素等为媒介进行通讯。另外，群体成员之间有一定的组织形式，也就是有分工，如有头领和一般成员，有主人也有奴隶。

▲羊群

自然传奇丛书

并按照它们的级别，获得相应的待遇，承担一定的责任，使群体行动保持一致。而自己究竟在群体中扮演什么角色，很多都是从出生就决定好了的，也就是基因决定，那么它们在社群中的行为也就都出于本能了。我们下面就用具体的例子来说明。

比一比——个体行为与社群行为

池塘里有许多水蚤，每只都有自己的动作。有的上蹿下跳，有的曲腿伸足，有的摆弄触须；另外一个场景是一只蜜蜂发现了蜜源后回巢跳起了舞，侦查蜂先跳，紧接着许多任务蜂跟着模仿。最后成群结队飞来采蜜。结论应当是：水蚤的跳动，表面看起来是许多个体成群在活动，但每个个体都各自分散活动，没有内在联系，因此不应称为社群行为。而蜜蜂的活动，各个紧密相连，这才称得上是社群行为。

▲各自为营的水蚤

▲集体行动的蜜蜂

社群生活对动物有利，可以有效地猎食和有效地防御捕食者的攻击，使动物群体能更好地适应生活环境，对维持个体与种族的生存有重要的意义。

共同抗敌

群体行为有利于发现敌害，并有效防卫。

例如狒狒社群由不同年龄的数只雄体和一群雌体及一些雌、雄幼体组成，它们生活于开阔地区，易受到多种掠食者的侵扰，所以结群防卫有着重要的意义。一个狒狒社群约占据5平方千米的面积，白天它们在该区域

徘徊，寻找食物，夜晚到树上睡觉。个体强壮的雄性留在社群中心，其他雄体环绕在外缘。有雄狒狒专司警戒，一旦发现捕食者，立即以警报叫声相告，所有雄性狒狒迅速聚集成群，恐吓或攻击敌害。这种社群联合的力量足以吓走许多捕食者。

你知道吗?

在草原上狒狒群常常与羚羊群在一起，因为狒狒有敏锐的观察能力，而羚羊则有着灵敏的嗅觉能力。一旦发现敌情，狒狒立即发出叫声，羚羊则闻声而逃。它们就是这样互通信息，谨防敌害的。

协同捕食

集结成群的动物更容易提高其捕食的效率。

生活在中美洲和南美洲的军蚁就是一个很好的例子。这种军蚁不仅个体大，且蚁群的规模也相当庞大，一般包含 17 万～70 万只工蚁。它们的聪明之处就是协同捕食，以增强自己的力量。它们往往早晨外出捕食，成千上万的蚂蚁涌出蚁穴排成一纵队，以每分钟 30

▲蚂蚁军团

厘米的速度向前延伸。然后，纵队再向两侧分散，直到形成一个 14 米宽、1～2 米长的方阵为止，其阵势犹如一个缩小了的古罗马军团。军蚁以这种阵容向前推进，一路捕捉蜘蛛、蝎子和其他蚂蚁，有时甚至包括蛇和蜥蜴。一旦战争结束，蚁群便带着战利品和战死的同伴尸体，以比出发时稍宽的纵队形式返回蚁穴。军蚁每次外出捕食总是收获大于损失。

自然传奇丛书

许多高等的动物都能集结在一起来提高捕食的成效。有些高明的围捕行为几乎使人难以置信，完全可以称之为"捕食谋略"。

小故事——雪豹捕食野猪

▲狡诈的雪豹

雪豹虽然威猛，但因野猪身体庞大，嘴上又有两根钢刀似的獠牙，为了保护子女，必然会与雪豹进行殊死搏斗，结果会是两败俱伤，所以它猎取野猪的方法很特别，就是运用"声东击西"的战术。

草原上，两头雪豹遇上了野猪一家四口，两头雪豹兵分两路，一头雪豹有意大模大样地出现在野猪面前，故做要扑食的动作，引起两头大野猪的勃然大怒，一股劲儿地向雪豹奔来，雪豹转身就跑，野猪拼命去追。就在这时，另一头雪豹从后面偷偷地向掉在后面的小野猪扑去，将两头小野猪分别吊在两棵树上，大野猪追雪豹不及，又听到小野猪的呻吟声，就掉头向大树冲去。但它们不会爬树，就用头去撞，顷刻间又听到另一棵树上的呻吟声，就转身向另一棵大树冲去，这样来回数次奔跑冲撞，结果两头野猪声嘶力竭而死。两头雪豹从树上一跃而下，在靠近树根处掘一个大坑。将两头大野猪掩埋，以供他日享用，然后上树去分别细细享用美味的小野猪了。

照料幼体

照料幼体是动物的本能。越是高等的动物，对幼体照料得越为周到。

海猫就是群体抚育幼仔的一个例子。与一般食肉动物不同的是，海猫的幼仔由父母以外的其他成年海猫帮助抚养。野生状态下，幼仔在3周时开始尝试捕食昆虫，但要再过1～2周才能跟着成年海猫离开洞穴。幼仔一

▲海猫

▲海猫母子

旦允许离开洞穴，会跟在群里，当成年海猫挖出猎物后就叫着邀请幼仔取食。照料者会喂食幼仔到其 3～6 个月大，并在群体迁移时携起落后的幼仔。它们甚至会蜷伏在幼仔身上保护它以防猛禽的袭击。显然，海猫离开大群体是危险的，也不太可能在没有任何帮手的情况下养育后代，因此许多雌体会推迟生育期。在这期间，它们抚养别人的幼仔，以便保持群体的数量。

社群行为的起源

动物最初是出于什么样的原因聚集在一起的，可以从以下三个方面来解释：共同趋向、互相吸引和家族因素。

共同的趋向会使得同种动物聚集在一起。例如夜晚在光照下往往会有成群的昆虫，在水面上燃起一个火炬就会引来鱼群。推而广之，湖泊、海洋、森林、草原、或者热带、温带、寒带等大生态系统中都存在适合某些动物聚集在一起生活的环境。

动物迁徙时总是成群结队，有些队伍十分浩荡也十分壮观。动物的迁徙之所以要结对而行，是因为没有集体的力量，单靠个别或少数动物的行动不可能实现这一目的。

小资料——驯鹿的迁徙之路

在驯鹿迁徙的途中，虎视眈眈的野狼、金鹰、熊和雄狮随时可能向它们扑来；大量的蚊子和马蜂不停地叮咬它们；欧洲的拉普人、北美的提纳族都靠驯鹿为生。1997 年曾经出现了 3 万多只驯鹿遭人类惨杀的一幕，所以如果不是集体行动，再多的个体也存活不下来。而当时惊魂未定的鹿群很快忘掉恐惧，继续结队前进。

异种动物群聚的现象也时有发现，有人发现在大群乌贼的水池里放入一条与乌贼大小相近的鲭鱼时，这条小鱼也会立即加入乌贼的行列，而且以相等的游速与之同进同出。

说到这里，我想到了电影《冰川时代》，在那个大迁徙的时代里，看似不相干的一头猛犸象，一只老虎，一只树懒和两只负鼠结合成了一个大家庭，共同前行。虽然电影是虚构的，但也同样说明了一个问题，就是共同的利益可以结成共同的朋友。出于家族的因素也可以形成聚集。这种情况包括哺乳类，鸟类中的较小群体，也有白蚁、黄蜂等几千只昆虫组成的大群体。

迁徙中一只母驯鹿一年的路程是 9000 千米，更惊奇的是刚出生的小驯鹿竟然也可以紧贴着母鹿后面，走完同等的路程，如果，小驯鹿离开母亲

▲电影《冰川时代》海报

▲大象一家

一步，就有可能会遭遇不测。

　　大象也是群居性动物，以家族为单位，由雌象做首领，每天活动的时间、行动路线、觅食地点、栖息场所等均听雌象指挥，而成年雄象只承担保卫家族安全的责任。有时几个象群聚集起来，结成上百只的大群体。

　　当幼体成熟后，往往会与双亲分离，群体结构随之发生变化，但家族不会解体。

自然传奇丛书

探索蜂巢的秘密——阶级社会中的蜜蜂

时下，人们对健康的话题是越来越关注，各种养生的书籍、节目也层出不穷。其中，不少就谈及蜂蜜的功效与作用，什么补益心脾、养血安神、润肤美容等等。那么，喝水不忘挖井人，咱们也不能够忘了为了酿出蜂蜜而不知疲倦辛勤劳作的小蜜蜂。这一节就将带领大家一起进入蜜蜂的王国，探索蜂巢的秘密。

▲一杯香甜的蜂蜜水

蜜蜂的外形

▲正在采蜜的蜜蜂

大家都有见过蜜蜂，成蜂体长约2～4厘米，它的前胸背板不发达，体被分枝或羽状毛，足或腹部具有长毛组成的采集花粉器官，后足常特化为采集花粉的构造。口器嚼吸式，是昆虫中独有的特征。

蜜蜂的社会性

　　蜜蜂是一种会飞行的群居昆虫，它们具有真正的社群性，这是因为在它们共同建造的"城堡"——蜂巢中，有着具体的阶级分工，各司其职。

　　一群蜜蜂根据形态和分工的不同，一般可分为三种：蜂王、工蜂和雄蜂。蜂王只有一个（有些例外情形有两只蜂后），体形细长，负责产卵；雄蜂身体粗壮，什么工作都不做，一生当中只和蜂王交尾一次；工蜂体型较小，负责采花粉、花蜜、喂养蜂王、雄蜂和幼蜂、筑巢、清理蜂巢、守卫等工

▲努力工作的蜂群

作。每只蜜蜂都要扮演自己的角色，这是从它们出生就被决定了的，做好自己分内的事情，使整个群体正常运作，是在漫长的进化中形成的与生俱来的本能。

小资料——蜂巢的结构

▲免充气蜂巢轮胎

　　蜂巢由一个个排列整齐的六棱柱形小蜂房组成，每个小蜂房的底部由 3 个相同的菱形组成，这些结构与近代数学家精确计算出来的菱形钝角 109°28′ 和锐角 70°32′ 完全相同，是最节省材料的结构，且容量大、极坚固，令许多专家赞叹不止。人们仿其构造用各种材料制成蜂巢式夹层结构板，强度大、重量轻、不易传导声和热，是建筑及制造航天飞机、宇宙飞船、人造卫星等的理想材料。

轮胎是一项非常伟大的发明，如果没有轮胎，而只是硬邦邦的轱辘，汽车也不会发展到今天。但是日前，一家美国公司却发明了一款无须充气的蜂巢轮胎。它将原来的充气部分用蜂巢结构来代替，这样一来就可以起到与传统轮胎类似的减震作用了。最重要的是，有了这样的轮胎就再也不必担心爆胎了，非常适合野外行军使用。

蜂　王

在蜜蜂社会里，它们仍然过着一种母系氏族生活。在它们这个群体大家族的成员中，有一个蜂王（蜂后），它是具有生殖能力的雌蜂，负责产卵和繁殖后代，同时"统治"这个大家族。

讲解——蜂王的一生

▲蜂王

蜂王是由工蜂建造王台用受精卵培育而成的。工蜂对蜂王台里的受精卵特别照顾，一直到幼虫化蛹以前始终饲喂蜂王浆，使蜂王幼虫浸润在王浆上面。蜂王浆含有丰富的蛋白质、维生素和生物激素，对蜂王幼虫的生长发育，特别是对雌性生殖器官的发育起重要的促进作用。随着蜂王幼虫的生长，工蜂把台基加高，最后封盖。羽化出房的新蜂王身体柔嫩，由工蜂给它梳理身上的绒毛，交配成功的处女王不久便开始产卵。处女蜂王交尾后除了分蜂以外，一般不再出巢。蜂王体型细长而稳重，它的寿命一般在三至五年，最长的可活八九年。

蜂王的任务是产卵，虽然经过交配，但不是所产的卵都受了精。它可以根据群体大家族的需要，产下受精卵将来发育成雌蜂（没有生殖能力的

工蜂）；也可以产下未受精卵，将来发育成雄蜂。

雄　蜂

　　雄蜂不参加酿造和采集生产，个体比工蜂大些，它的任务是专职和处女王蜂交配。雄蜂是由未受精卵发育而成的。在较大雄蜂房里发育，工蜂对它的哺育也较好。整个发育过程，雄蜂幼虫的食量要比工蜂幼虫大 1～2 倍。雄蜂生殖系统的发育需要较长的时间，羽化出房后还要经过 8～14 天左右才能达到性成熟。雄蜂性成熟后，一般一个雄蜂的贮精囊中的精液量为 1.5～2.0 微升，每微升精液平均有精子 750 万个。精子的数量和活力对蜂群后代的遗传性状和发育具有直接影响。因此，选育优质遗传后代的种群做父本与选择优质蜂王同等重要。

▲雄蜂

自然传奇丛书

工　蜂

　　我们常说的小蜜蜂，花丛中，采蜜忙，实际上是指的工蜂。

　　工蜂的任务主要是采集食物、哺育幼虫、泌蜡造巢、泌浆清巢、保巢攻敌等工作。蜂巢内的各种工作基本上是工蜂们干的，工蜂与蜂王一样也是由受精卵发育成的。哺育工蜂对它们的照料不如对蜂王幼虫那样周到，仅在孵化后的头三天内饲喂蜂王浆，而自第四天起就只饲喂蜜粉混合饲

▲工蜂

料。因为这种饲料的营养不如蜂王浆高，而且缺乏促进卵巢发育的生物激素。因此，工蜂的生殖器官发育受到抑制，直到羽化为成蜂，其卵巢内仅有数条卵巢管，失去了正常的生殖机能。所以，她们是发育不完全的雌性蜂，工蜂的寿命一般是 30～60 天。在北方的越冬期，工蜂较少活动，并且没有参加哺育幼虫的越冬蜂可以活到 5～6 个月。每群的工蜂量决定于蜂群的兴盛。

自然传奇丛书

比一比——蜂王、雄蜂与工蜂

蜂王　雄蜂　工蜂

学习了蜂群中各种蜂种的具体分工和职能，大家可不可以开动脑筋想一想，在进化的过程中，为了完成自己的工作，各类蜂种都形成了哪些独特的外形？工蜂适应采花粉的职能，后足外侧有花粉筐，内侧有花粉刷；雄蜂的后足则没有，平时很少飞出蜂巢，即使飞出，也不采花粉，腹部末端没有螯针，不参与保卫工作；蜂王适应向蜂房里产卵，腹部较长。

蜜蜂的语言

不论是个体生活的动物还是群体生活的动物，个体间的联系是十分密切的，时常需要交流信息。"人有人言，兽有兽语"，动物的语言是很丰富的。动物的语言多是用声音、动作和气味来表达的，在动物中，凡是能起到传递信息作用的方式都是动物的语言。

那么在蜜蜂的世界里，它们是使用什么样的语言进行交流呢？

蜜蜂交流用"舞蹈语言"，它所利用的感觉系统比较复杂，有视觉、动觉、振动觉和嗅觉参与。

大批工蜂出巢采蜜前先派出"侦察蜂"去寻找蜜源。侦察蜂找到距蜂

箱100米以内的蜜源时，即回巢报信，除留有追踪信息外，还在蜂巢上交替性地向左或向右转着小圆圈，以"圆舞"的方式爬行。如果蜜源在距蜂箱百米以外，侦察蜂便改变舞姿，呈"∞"字，所以也叫"8字舞"或"摆尾舞"。如果将全部爬行路线相连，直线爬行的时间越长，表示距离蜜源越远。

名 人 堂

发现蜜蜂索食行为秘密的是奥地利生物学家弗利希，他在经过长达20年的研究后才宣布了这个结论。后来被其他学者所做的实验所证实是正确的。

小博士——工蜂的信息传递

侦察蜂在做这种表演时，周围的工蜂会伸出头上的触角争先与舞蹈者的身体碰撞。原来它们是利用头上颤抖的触角抚摸工蜂身体时，使"舞蹈语言"转换成"接触语言"而获得信息的。这种传递方法，有时也会失灵。为此它们还要利用翅的不断振动发出不同频率的"嗡嗡"声，用来补充"舞蹈语言"的不足和加强语气的表达能力。

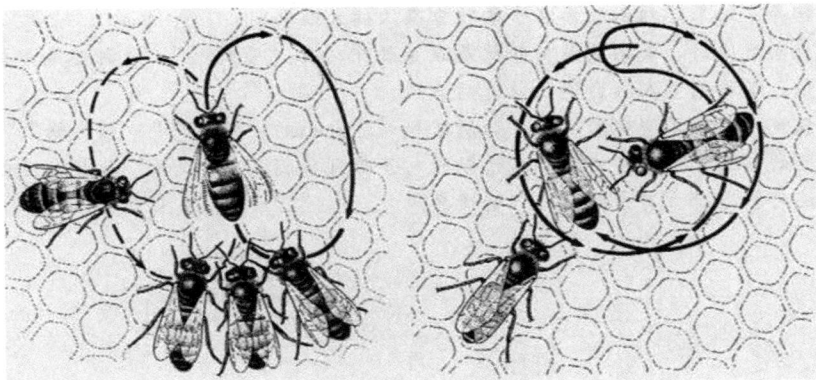

▲摆尾舞   ▲圆舞

自然传奇丛书

▲蜜蜂的身体接触

蜜蜂还有一种用气味传递信息的语言。蜜蜂口器的上颚腺能分泌一种物质，散发在巢箱里，这种物质可以抑制工蜂生殖腺的成熟，保证一个群蜂中只有一个蜂王。如果蜂王死了，蜂巢中这种气味逐渐消失，工蜂便知道蜂王不存在了，便会很快培养出一个新蜂王来。蜂王飞出蜂巢交尾时，也是靠气味招引雄蜂跟着飞出去的。

自然传奇丛书

轶闻趣事——蜜蜂王国趣事多

蜜蜂虽小，但是它与我们的生活却密切相关。我们人类不仅可以从它们那里收获甜蜜，而且，蜜蜂还和我们发生了许多有趣的故事。

一千多年以前，一群强盗准备洗劫希腊普鲁斯城的一个修道院。聪明的修女见盗贼临门即捅开数百个蜂巢。蜂群立即向盗贼散去，这帮家伙被蜇得四散逃命。

16 世纪时，瑞典大将理查德沃德攻打吉辛根城，对方放出无数蜜蜂，叮得马匹狂奔。结果，原本胜券在手的理查德沃德大败而归。

越南战争时，美国兵最怕的就是在丛林中遇上"蜜蜂兵"。这种越南野蜂十分凶猛，其毒刺蜇人后会使伤口肿痛溃烂。

据说，美国军事部门现已开始研究和训练自己的"侦察蜂""作战蜂"。"侦察蜂"的双翅携带有可窃取对方情报的电子微型仪器；"作战蜂"除了攻击敌人外，还可驱逐对方有意放出的"蜜蜂兵"。

千里之堤，溃于蚁穴
——白蚁的群体分工及生活习性

自然传奇丛书

千里之堤，溃于蚁穴，千万可别小看小小的一个蚁洞，因为常常就是这么一个不起眼的小东西给我们人类造成了不可估量的人身和财产损失。它们拥有如此巨大的破坏力，当然是和它们的数目庞大有着密切的关系，我们称这种群居性的动物为"军团"也不为过。为了防范它们造成损失，就十分有必要深入了解它们的生活习性，做到知己知彼，百战不殆。

白蚁也"喝"洋酒

角线里发现的白蚁

电子元器件被白蚁销毁

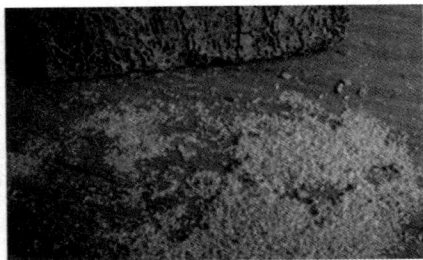

这是蚁巢里的活体白蚁，一个主巢里有一个蚁王，一个蚁后，上成千上万只工蚁

▲白蚁的危害

白蚁的社会体系

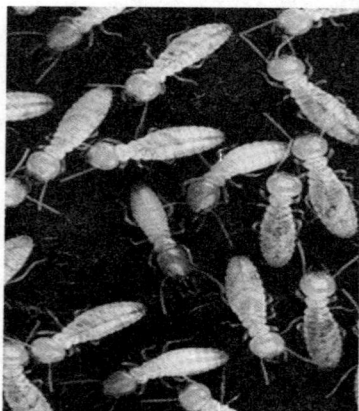

▲白家蚁

白蚁也被称为虫尉，坊间俗称大水蚁，因为其通常在下雨前出现而得名，为不完全变态的渐变态类，而且是社会性昆虫，每个白蚁巢内的白蚁个体可达百万只以上。

白蚁生活习性独特，营巢居的群体生活，群体内有不同的品级分化和复杂的组织分工，各品级分工明确又紧密联系，相互依赖、相互制约。白蚁的群体中有繁殖型个体和非繁殖型个体。其中繁殖型中有三个品级，长翅型、短翅型和无翅型；非繁殖型有工蚁与兵蚁。

比一比——白蚁与蚂蚁

白蚁具有念珠状触角（没有节），躯体比较柔软，胸腹间看似分不开，等翅目，分飞繁殖蚁前后翅膀一样，单一食性——木材物质；蚂蚁具有膝状触角（有节），体壁坚硬，胸腹间明显收窄，膜翅目，分飞繁殖蚁前翅膀大于后翅膀（如红火蚁），杂食性。

白蚁的危害

白蚁是世界性的害虫，它那米粒般大小的身躯，在天翻地覆的自然历史变迁中历经劫难，安之若素地绵延生存了二亿五千万年之久，可见其生存力之强。白蚁，又通过其特有的"食、住、行"生活方式，客观上对国民经济各方面造成危害，包括对房屋建筑、森林树木、江河堤坝，乃至文

档书籍、服装家具、文物古迹等都会造成不可估量的损失，故被称为"无牙老虎"。

▲白蚁毁坏甘蔗

▲白蚁吃空树木

白蚁还能吃白银

白蚁分泌出一种高浓度的蚁酸，与白银产生化学反应，形成蚁酸银，这是一种黑色粉末，会被白蚁吃下去。

轶闻趣事——白银被谁偷了？

据康熙年间出版的《岭南杂记》记载，公元 1684 年某衙门银库发现数千两银子失踪，官员们大为惊恐，到处寻找而不见，后来在墙壁下发现一些发亮的白色蛀粉，并在墙角下挖出一个白蚁窝，众官员当时不解，随后将白蚁放进炉内烧死，结果烧出了白银。如果这篇记载属实，则白蚁可以啃食白银是无疑的了。关于白蚁蛀食金属和电缆的事，在我国和国外均有过报道，但到底是哪一种白蚁，无从查考。

动物界建筑高手，白蚁第一

动物王国的顶级建筑大师是白蚁，它们用自己的巨额数量弥补了它们在块头上的不足。蚁王每 15 秒就会生产一次，所以它们是不会缺少工人来建造家园的。而且它们总有数不清的事情要做，因为整个白蚁城堡都是由

自然传奇丛书

唾液、泥土和粪便的混合物建成的，而且所有这些材料都需要在它们的嘴里进行调和。这件工作也许不够清洁，但这种混合物却像混凝土一般坚固，而且它们还能浇铸成非常棒的房屋内部结构，比如空调系统、带顶的过道和花园等等。不过它们的建筑物是没有窗户的，因为白蚁生下来就看不见东西。

广角镜——不用空调的恒温建筑

在津巴布韦的哈拉雷，矗立着一座体型庞大的办公及购物群——约堡东门购物中心。该购物中心并没有安装空调，但是它凉爽宜人，它所消耗的能量只是与它同等规模的常规建筑的十分之一。

它的设计灵感来源于非洲的白蚁，这些小生物们能够在它们的塔楼巢穴中维持一个恒定的温度。它们经常开启和关闭自己塔楼巢穴中的气口，使得巢穴内外的空气得以对流——冷空气从底部的气口流入塔楼，与此同时热空气从顶部的烟囱流出。这一发现被建筑大师麦克·皮尔斯应用到了建筑领域中，以期能够在一个闭合的空间里高效节能，并且不用相关设备控制温度。

这项仿生科技的应用，不仅能节能增效，有利于环境保护，而且省下的空调设备的成本汇聚成了涓涓细流，造福了该建筑的租赁者，他们所付出的租金比周边建筑的租赁者要少了 20%。

自然传奇丛书

动物的领域行为

　　白雪皑皑的山林里，两只"丛林之王"正在进行一场殊死搏斗，它们绝不可能分享同一个山头；尘土飞扬的荒漠上，两只雄性非洲羚羊正斗得不可开交，它们为争夺领域而大打出手；在亚洲阿拉伯半岛的山坡上，两头怒不可遏的雄狒狒也在争斗，目的自然也是为了抢夺领域……很多动物都有属于它们自己的领域，那里神圣不可侵犯，绝不容许其他动物入内。动物们为什么会这么"自私"，不愿意分享生存空间？它们又是用什么方法来保卫自己的家园？本章将向大家讲述动物的领域行为。

▲两只"丛林之王"正在争斗

我想有个家——领域行为的初步认识

　　自然界里所有的动物并不是杂乱无章，随意进行活动的，而是会划分自己的势力范围，就好像人类一样，要有一个自己的家，这个"家"是不容许其他同类或异类动物侵犯的。这并不是说动物有自私的本性，而是因为食物、配偶等生存资源是有限的，是生存的本性不得不让它们保卫起自己的家园。

▲两只正在争斗的企鹅

自然传奇丛书

领 域 行 为

　　领域行为是指动物建立领域并加以防卫的行为。动物栖居和进行日常活动的空间范围称为它的巢区，而其中受到该动物积极防卫的区域特称领域。

　　防卫不仅是对入侵者的攻击行动，还包括利用鸣叫、威胁姿态以及散布外激素等方式促使外来者却步或撤退的行为。

▲两只秃鹰的空战

动物与生俱来的本领

　　领域行为主要是针对同种动物，因此领域行为也可视为一种社群行为，社群内动物以此进行生存空间和资源的分配。因此，领域行为具有调节种群密度的功能。但领域有时也可针对异种动物，这通常发生在双方利用同类资源而发生竞争时，或侵入者对子代的生命构成威胁时。

物种分布

　　领域行为主要见于比较进化的物种。在无脊椎动物中，主要是节肢动物中的甲壳类、蜘蛛和昆虫。在脊椎动物中比较多见，特别是繁殖量不大而有育幼行为的物种。

▲常见的具有领域行为的动物

行 为 表 现

　　鸟类的领域行为最普遍、最发达，世人研究得也最多。鸟类的领域行

自然传奇丛书

为主要表现在飞行巡视防卫
其领域，如鸣禽筑巢后领主
经常巡视所属领域，特别是
当发现有入侵迹象时，鸣叫
是一种很好的远距离的警戒
信号，足以使同类闻之却步。
如果侵入者仍不撤退，则领
主即起而追逐啄击。

▲羚羊的力量对决

在哺乳动物中，气味常常是主要的驱避信号，领主或在木石上涂布分
泌物，或以粪尿形式排遗在地面上用以标记自己的领域边界。

生 态 意 义

领域行为有利于保证资源合理利用，稳定配偶制，减少无谓斗争及有
利防御敌害，调节种群数量。

轶闻趣事——接吻鱼的"一吻定江山"

原产于东南亚的接吻鱼因
有一手"接吻"的绝活而闻名
于世界，成为一种观赏性极高
的经济鱼类。与其他热带鱼相
比，接吻鱼没有鲜艳动人的色
彩，可是仍然受到热带鱼爱好
者的青睐。这是因为接吻鱼不
仅具有会"接吻"的绝活，而
且游泳技术也相当高超，它们
能在水中翻腾跳跃，犹如优秀
体操运动员表演翻筋斗一样精
彩，令人拍手叫绝。

▲接吻鱼

当两条接吻鱼相遇时，双方都会不约而同地伸出生有许多锯齿的长嘴唇，用

力地相互碰在一起，如同情人"接吻"一般，长时间不分开。不过，这种"热吻"并不是"求爱"，而是在打斗。由于接吻鱼具有保卫领地的习性，两者相遇时，用长嘴唇相斗来解决领地争端，直到有一方退却让步，"接吻"才宣告结束。

尽管动物学家证实接吻鱼的接吻动作可能是一种争夺地盘的天性，但是看着鱼儿情意绵绵地吻着也真有趣，所以时下有不少年轻人争相饲养接吻鱼，寓意自己的爱情也能甜蜜蜜。

以歌会友——动物的声音警告

　　每个宁静的夏夜，草丛中便会传来阵阵清脆悦耳的鸣叫声。听，蟋蟀们又在开演唱会了！它们为什么这么喜欢"唱歌"呢？这里面的学问还真不少。这"歌声"既可以吸引异性来交配，又可以警告同性不要擅闯其领地。其实，在动物界里，用声音来作为划分领域的标识是很常见的。我们在这里把这种行为形象地叫作"以歌会友"，现在，咱们就来会一会吧！

▲蟋蟀

自然传奇丛书

蟋　　蟀

▲蟋蟀

　　蟋蟀生性孤僻，一般情况都是独立生活，绝不允许和别的蟋蟀住一起（雄虫在交配时期才和另一只雌虫居住在一起），因此，它们彼此之间不能容忍，一旦碰到一起，就会咬斗起来。

　　蟋蟀是以善鸣好斗著称的。蟋蟀的鸣声也颇有名堂，不同的音调、频率能表达不同的意思。夜晚，蟋蟀响亮的长节奏鸣声，既是警告别的同性：这是我的领地，你别侵入！同时又是招呼异性：我在这儿，快来吧！当有别的同性不识抬

举贸然闯入时，那么它便威严而急促地鸣叫以示严正警告。若"最后通牒"失效，那么一场为了抢占领土和捍卫领土的凶杀恶战便开始了，两只蟋蟀甩开大牙，蹬腿鼓翼，战在一起，其激烈程度，绝不亚于古代两国交战时最惨烈的肉搏。直到其中一只退却，"战斗"才会结束。

知 识 窗

蟋蟀的叫声

雄虫一般在夏季的 8 月开始鸣叫，野外通常在 20 ℃时鸣叫得最欢，10月下旬气候转冷时即停止鸣叫。

轶闻趣事——斗蟋蟀

▲斗蟋蟀

蟋蟀因其能鸣善斗，自古便为人饲养。据记载，中国家庭饲养蟋蟀始于唐代，当时无论朝中官员，还是平民百姓，人们在闲暇之余都喜欢带上自己的"宝贝"，聚到一起一争高下。

古代文人雅士还归纳出蟋蟀有五德："鸣不欠时，信也；遇敌必斗，勇也；伤重不降，忠也；败则不鸣，知耻也；寒则归守，识时务也。"人们以蟋蟀自勉。

蟋蟀优美动听的歌声并不是出自它的好嗓子，而是它的翅膀。仔细观察，你会发现蟋蟀在不停地震动双翅，难道它是在振翅欲飞吗？当然不是了，翅膀就是它的发声器官。因为在蟋蟀右边的翅膀上，有一个像锉一样的短刺，左边的翅膀上，长有像刀一样的硬刺。左右两翅一张一合，相互摩擦，振动翅膀就可以发出悦耳的声响了。

龙　虾

　　有许多为了维护饵料范围的区域性节肢动物，如果它们的领域受到侵犯，会显示出进攻性的夸耀。比如说龙虾，龙虾的头、胸部较粗大，外壳坚硬，色彩斑斓，腹部短小。因其生性好斗，在饲料不足或争栖息洞穴时，往往出现凌强欺弱、欺小怕大的现象。龙虾具有不少的小钳，它们

▲ 锦绣龙虾

虽然不能用作夸耀的手段，然而，在它们每根触须的基部有类似鸡冠状的突起，当触须对着背甲摩擦时，就会产生一种嘎嘎响的噪声。如果另一只龙虾闯入其领域范围内时，噪声就起着一种防御信号、辨认种类和通牒非法越界的入侵者的作用。如果这种警告起不到预想的结果的话，一场争斗是在所难免的。当然，在多数场合的冲突中，仅凭声音就可以平息这场争端而无须诉诸武斗。

小资料——机器龙虾

　　机器龙虾拥有很高的灵活性，可用于探测水下矿藏。就像真龙虾一样，这种小型机器龙虾也长着能够感知障碍物的触须，8 条腿允许它们朝着任意一个方向移动，爪子和尾巴则帮助它们在湍急的水流以及其他环境下保持身体稳定性。

▲ 机器龙虾

美洲驹鸟

▲ 鹊驹

鸟类喜欢"唱歌"，但是雄鸟的歌声是一种领域的声明，而不是像许多人形容的是一种快乐的象征。

例如，美洲驹鸟在南方过冬后会飞返它在北方夏季的老家，并选择一块它和它的未来伴侣能够营巢的地方。如果情况需要的话，它会不惜用战斗去保卫这块领域。通常，战斗是完全不必要的，因为它的歌声已经向邻近所有的雄鸟宣告了它正要保卫的那个地方。雄驹鸟不停地唱着歌，而无须一定要看到其他个体之后再唱起歌来。如果一只雄鸟靠近的话，那只正在唱歌的雄鸟，能将表示领域性的歌声转变为一种表示进攻性的夸耀，通常包括摆出一副笔直的威胁性姿态、威胁性的叫声和在来犯者面前跳跃着。如不能迫使入侵者离开，雄鸟就诉诸仪式化的战斗，甚至发生真正的斗殴。然而，一般说来，领域性的歌声保持了个体之间的距离和繁殖的空间，避免了没有意义的争斗。按照这种方式，更多的个体就可以安心于生殖了。

海　豹

许多哺乳动物保持它们所控制的区域，常用的也是声音信号。

例如，雄海豹在它们希望繁殖的地区内进行立桩分界，用大声地咆哮来表示它们保卫领域的意图。

同样，松鼠发出啾啾的声音和颤鸣的噪声以此来表示它们的领域权。灵长类动物，尤其是大猩猩和猿，用发出叫喊，用拳击地，或捶胸等行为

▲海豹

来表示它们维护领域的意图。

小贴士——海豹油对人类的好处

　　长期以来，世界医学界就发现生活在北极附近的因纽特人很少患有心脑血管、高血压和癌症等疾病。到了 20 世纪 70 年代，加拿大一些医学博士经研究得出结论，因纽特人饮食主要是海豹油、海豹肉及鱼类等，由于这些食品中含有丰富不饱和脂肪酸，所以才未导致他们罹患现代人的这些"文明病"。

▲海豹油的提取

气味相"标"——动物的气味标记

▲狗的嗅觉十分灵敏

养过狗的人都知道，狗喜欢对着电线杆或树木撒尿，这是为什么呢？原来这是在占领地盘。大部分公狗会把尿洒在尽可能大的范围内，以覆盖其他公狗尿的味道，等于在这个地方竖了块招牌：私人领域，闲"狗"勿入！其实，还有许多动物也是用气味来标记领地的。本小节就将向大家介绍都有哪些动物怎样用气味标记领域。

你知道吗？

狗的鼻子大约能分辨出两百多万种不同的气味，而且，它具有分析能力，能够从许多混杂在一起的气味中，嗅出它所寻找的气味。

各种动物鼻子结构大致相同，鼻腔上部都有许多褶皱，褶皱上有一层黏液膜，黏液里藏着许多嗅觉细胞，当黏膜上分泌出来的黏液，经常润湿着这些嗅觉细胞时，就会使具体气味的物质分子溶解在黏液里，并刺激嗅觉细胞，嗅觉细胞马上向大脑中枢发出信息，于是就有味的感觉了。狗鼻子的特殊之处就在于它的嗅觉细胞特别多，连鼻子那个光秃秃的无毛的部分，上边也有许多突起，并有黏膜组织，能经常分泌黏液滋润着嗅觉的细胞，使其保持高度灵敏。狗的嗅觉细胞数量和质量都比其他动物胜过一筹，所以对各种气味辨别本领比其他动物高强多了。

划 地 为 营

前面介绍了动物用听觉保护领地的行为，但是，最常见的还是把自己的气味留在领域内，用气味语言告诉同类：该地已被占领，请不要进入。气味语言比声音、视觉等语言更为方便，因为即使自己已经不在现场，或者躲在窝内从事其他活动，无法用声音或者肢体语言传达信息时，气味却仍然能够"发话"。

使用气味语言的主要是一些哺乳类动物，它们在领域内活动的时候，会有规律地定期把一些分泌物放出，留在地面上作为边界的标记。

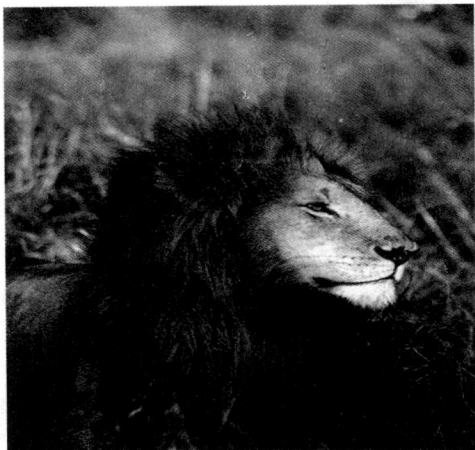

▲草原至尊非洲雄狮

穴 兔

一只穴兔来到一新的地区，它会多次在该地区排粪，还将肛腺的分泌物涂在粪球表面，从而使粪球不断地发出肛腺的气味。此外，穴兔还会频频地用下颏擦抹所占领域中的树枝、小丘等物体。由于穴兔颏下的颏腺，向外开有小口，经常分泌油脂状的液体。穴兔擦抹时就是把这些液体留在树枝上。于是，不久我们就看到

▲穴兔

自然传奇丛书

穴兔占有了领域。领域中有几堆粪球，树枝、小草上面还留有气味，四周有一圈地带，其中的粪球等标记特别密集，显然这就是领域的边缘。

知 识 窗

挖洞的兔子

穴兔因其能挖掘复杂的网络兔穴——它们不觅食时的栖身之所而得名。

实验——穴兔的占域行为

▲在野外的兔子

穴兔在许多国家都是家养的，但是澳大利亚在早些时候将其引进，并在当地成为野生物种，后来，因为缺少天敌，这种兔子便大量繁殖，成为一害，于是，当地科学家纷纷研究穴兔行为，以下便是一个研究其领域行为的实验。

当一只穴兔圈好领域后，如果实验者将另一只穴兔放入这块地盘，领域"主人"立即出击，猛烈驱赶这只穴兔。后者则俯首帖耳，畏畏缩缩地逃离此地。若是强迫后者留下，它就会表现出战战兢兢的状态，不敢吃食，不能安心睡觉，一直设法逃离。

实验者若是再选择另一新的地区，预先把后放的那只穴兔的粪便等分泌物遍撒于这个新的地方。当这只穴兔来到此地后，安详地巡视周围，平静地吃食。此时，如把前述那只已有领地的穴兔放入该区，令人称奇的是，出现了截然相反的情况。新地区占有者屡屡向进入的穴兔进攻，这只原"主人"穴兔的威风荡然无存，采取了完全屈服的姿态。

犀　牛

　　犀牛也是一种占有领域
的动物，它们多用通道连接
食场、睡觉、洗澡的地方，
还用通道连接领域的边界。
一般的通道大都是距上述目
的地较近的路径，犀牛总是
沿着这些路径行走。通道约
40～50厘米宽，两侧草木茂
密。犀牛用粪便指示信道的
位置，每个犀牛都在通道两
边的固定地点排粪，粪堆的
高度一直达到与草地的草同
高为止，常见的约70厘米。

▲犀牛

粪堆中除有气味不断挥发以外，粪堆的高度与草同高，可能也会有视觉作
用。粪堆不仅指示信道的所在位置，在信道的入口处粪堆极为密集，它们
起着指示通道入口的作用。

视野扩扩扩——会用气味标记的动物及人类退化的嗅觉

　　非洲狮用嗅迹来标明它们种群的领域。它们在植物上磨蹭，把自己的气味
留在上面，并进行散发，不时地提醒其他狮群，这块区域已被占有了。汤姆孙
瞪羚也通过气味占据领地。它不停地把眼腺分泌物积留在草场上，以散发自己
的气味。非洲大羚羊也有相同的腺体分泌物，它会把分泌物涂在青草和其他植
物上，然后又用角去摩擦草茎，这样草茎就像油刷子一样将分泌物涂在了它的
角上，当全身都涂满这种分泌物后，它就能更容易地把自己的嗅迹留在地面
上，并且更容易地找到自己曾经留下的嗅迹。狼在追捕猎物中，有时竟突然停
止追赶，任其猎物逃命。原来它闻到别的狼族留下的气味，警告这是它们的领
地，不得侵犯。

　　人类的嗅觉已经大大地退化了，甚至常常不能察觉到自己嗅迹的潜在功能，只有在一起生活的女性，会出现一个相一致的月经发生期，才显现出人类的嗅迹在激素系统中还起着作用。更滑稽的是，人类还使用各种以动植物为原料的香水洒在自己的身上，将自己的嗅迹隐藏在其他动植物的嗅迹之中。人类生活在拥挤的社会中，似乎忘却了原有的生物本性。似乎只有科学家们还在研究动物发达的嗅觉，利用仿生学的原理造福人类。

君子协议——有节制的争斗

▲ 正在争斗的两头大象

自然传奇丛书

通常我们总以为动物之间的争斗最终是要消除对手，如将它们杀死，然后吃掉。但是，实际情况并非如此，洛伦茨在《论进犯行为》一书中强调

说，动物之间的争斗往往具有克制和"绅士风度"的性质。当然，这也主要发生在同种之间争夺领地或配偶时，这也是动物争斗的普遍行为，叫作有节制的争斗行为。本节就将为大家介绍发生在争夺领域时的仪式化争斗。

仪式化的战斗

在许多动物中间，它们的行为姿态曾经发展到可以让动物保持空间而不受到伤害。动物真正的战斗逐渐变成一种所谓的仪式化的战斗，在这种战斗中，动物靠用于战斗的武器作为防卫工具，但并不加以伤害。进一步的发展就会导致进攻的架势。这时，动物夸耀着它们的武器，靠摆出威胁的姿态或声音来表示它们的进攻企图。一般情况下，同种的其他成员得到了这样的警告，就不会侵入它们的领域了。

▲狗以嚎叫来展开进攻架势

小博士——为什么动物不利用可能的机会杀死竞争者？为什么这种有节制的争斗行为能够得到进化呢？

　　这个问题的一般性解答是，那种你死我活的拼搏虽然会带来好处，但也会造成损失，有时甚至会相当严重。因而这种争斗方式未必就是最佳选择。假定有甲、乙、丙三种动物，其中，甲的竞争对手是乙和丙，而甲又恰好同乙相遇。此时，如甲将乙消灭，对甲来说，自然是失去一个对手。但乙同时也是丙的对手，甲杀死乙等于也是为丙除了害。如果甲让乙活着，乙还可以削弱丙的力量，当乙与丙相遇并发生冲突时，甲还可以坐收渔翁之利。这样看来，让乙活着比杀死它，甲获得的利益更多，聪明的动物在进化中显然会做出更为明智的选择。

招　潮　蟹

▲招潮蟹

虽然蟹和螯虾的钳子看上去十分可怕，并能用它们来进行战斗，但它们主要是用作进攻的一种夸耀。许多蟹具有过大的和颜色鲜艳的钳子，这是真正的夸耀手段。

许多种类的蟹，例如招潮蟹，它们为了争夺某一个空间往往就进行仪式化的战斗。雄或雌的招潮蟹靠近一只雄蟹时，后者会用一种特别的姿态，挥舞着它的大钳，向入侵者示威。这是一种进攻的信号，警告已经闯入防卫区域的入侵者。如果入侵者是一只较小的雄蟹，或者是一只没有性感受力的雌蟹，通常它们也就会退却。但如果入侵者是一只大而更具有进攻性的雄蟹，它将会以类似好斗的姿态来回答对方的威胁，除非某一方退让，否则就会有敌对的行动或真正的战斗。

跳　　蛛

显示进攻夸耀最尽心竭力的是那些雄的跳跃蜘蛛。它们不会编织任何经久耐用的蛛网，但却能四处诱捕被捕食的小生物。如果有两只雄跳蛛相遇，它们彼此用多毛的前腿和大眼睛进行恐吓，这种表现完全是视觉性的，跳蛛们向敌对者舞动着长在它们腿上的色彩鲜艳的斑毛。有些种类的跳蛛也会改变它们眼

▲蝇虎跳蛛

自然传奇丛书

睛内的色素位置，眼睛瞪着入侵者发出亮晶晶的颜色。一般说，这样的一种表现足以使入侵的雄跳蛛不战而退了，但偶尔也会发生一场战斗，但往往是一种仪式化的战斗，虽然竞争者们的牙齿内贮带着毒素，但没有一方会遭到杀害。

知 识 窗

最可爱的蜘蛛

蝇虎跳蛛共长有八只眼睛，其中头部正中两颗就是两盏大大的灯泡，大眼睛底下是两根亮闪闪的毒牙。这一可爱造型让蝇虎跳蛛荣获了"最可爱的蜘蛛"的称号。

小资料——蜘蛛的液压腿与现代机器人

到目前为止，全世界已经识别出来的跳蛛种类共有5000多种。蝇虎跳蛛之所以得到"跳蛛"的名字，就在于它们的特长是跳跃，它们一次跳出的距离甚至比它们身长的50倍还要长。身高不到一厘米，大腿又无肌肉的蜘蛛却有惊人的弹跳力，可跳十几厘米高。蜘蛛可畅行于网上，行动敏捷，生物学家通过显微动态摄影观察，揭开了其中奥秘。蜘蛛大腿内充满奇特的液体，相当于一个液压装置，可根据情况自行调节液压的强弱。一旦遇到紧急情况，蜘蛛大腿内就会充满液体而使腿由软变硬，爆发出力量一跃而起。仿生学家模仿这种奇妙的液压腿，研制出一种步行机，行走弹跳灵活敏捷。用于机械手、机器人的"关节"中，更妙不可言。医学上受到这种液压腿的启迪，正在根据蜘蛛腿中液压自动调节的原理，设计用来调节人体血压高或低的仿生装置。

信 天 翁

仪式化的战斗盛见于鸟类。例如，在中太平洋群岛筑巢的一种信天翁，它们能够显示出高度进化的领域性行为。当同种的其他个体靠近它们时，它们尽可能使自己高高地踮起，摆出直挺挺的威胁姿态，这是一种向正在侵入其防卫区域并渐渐靠近的鸟所发出的信号。这种威胁性的姿势也

▲信天翁

可能伴有咬嘴的动作，这可能是一种企图使用残酷行为的表示。如果入侵者继续靠近，那么进攻性的夸耀就变成仪式化的战斗，有时候或成为一场真正的战斗。在威胁性的夸耀中，鸟靠变化姿态来表示它们进攻企图的强烈程度。鸟能使自己的身体半直立和不声不响地闭着嘴，或者使自己的身体完全挺直并发出尖声的挑战。

领空不容侵犯——鸟类的领域行为

鸟类的领域性非常强，各类动物的领域行为中被研究的最多的也是鸟类，领域的概念就是首先从这类动物中发展起来的。除个别鸟类外，几乎所有的鸟，为营造新巢、寻觅食物，或者为了双方的安全，都施展一定的领域行为。各种鸟类究竟都会施展什么样的浑身解数来保卫自己的领空与巢穴呢？现在，我们就一同来探索。

▲一只雄鹰正在巡视自己的领空

鸟类的领域大小

鸟类的领域范围大小不同，一些雀形目小鸟的领域只有几百平方米，可是雷鸟却独占几万平方米，鹰、鵟、雕等猛禽则占有几百万平方米。但鸟类各自的领域大小也不是固定不变的。动物行为学家认为，领域大小不仅跟繁殖的需要有关，

▲雷鸟

还跟食源有关。当同种个体数量增多时，那么领域就会相应缩小；食源越丰富，动物的领域就越小。当食物缺乏时，占有的领域必须扩大，否则将无法生存。一种学名叫迈瑞泰姆的小雀，出现在盐碱草地时，因食物较少，它们的领域达 10000 平方米。在长势旺盛的草地活动时，因食物丰富，领域缩至 1400 平方米。

点击——"公寓"与"庄园"

家燕、雨燕、燕鸥、褐鲤鸟、海鸥等营造的栖居地很小，一般只能达到彼此在巢里嘴对嘴的范围。如王燕鸥的领域只能看作是拥挤的"公寓"。它们在人迹稀少的岛屿营巢，巢与巢挨得很紧，每个巢都搭成六角形，以容纳最多的个体。与此相比，猛禽的领域范围可称得上"庄园"了。人们发现，生活在北美西部的加利福尼亚神鹰，其领域就可达数百万平方千米。

知识库——"鹰眼"即时回放系统

"鹰眼"也被称为即时回放系统，它是对裁判判罚精确性的得力辅助工具。

▲鹰眼

▲ "鹰眼"技术用于网球比赛

这一技术原理并不复杂，但十分精密。这个系统由 8 个或者 10 个高速摄像头、四台电脑和大屏幕组成。这一系统分为几个步骤，首先，借助电脑的计算把比赛场地内的立体空间分隔成以毫米计算的测量单位；然后，利用高速摄像头从不同角度同时捕捉网球飞行轨迹的基本数据；再通过电脑计算，将这些数据生成三维图像；最后利用即时成像技术，由大屏幕清晰地呈现出网球的运动路线及落点。从数据采集到结果演示，这个过程所耗用的时间，不超过 10 秒钟。

由于网球在空中运行速度很快，因此在落地后，经常会有选手对其落在线内还是线外产生争议。而"鹰眼"技术是对裁判判罚精确性的得力辅助工具，通过它可以有效地杜绝一些争议的产生。

银 鸥

鸟类占有了领域，就可以得到充足的食物、安全的庇护所和生儿育女的地方。正因为如此，它们必然会为保卫领域而奋不顾身。银鸥是这方面的典范。银鸥的繁殖地在俄罗斯的西伯利亚。每年四月，它们便从南方飞到那里去生育后代。那时，海岸、岛屿、岩礁、石滩都是银鸥筑巢的理想之处。银鸥在那用草茎、树枝、羽毛

▲银鸥

和贝壳筑好巢，自然而然便划定了势力范围。在这以后，一旦有同类想入侵，银鸥便大声聒噪，企图吓退不速之客。若对方还不知趣，主人就以各种举止，如拔草、梳理羽毛等动作来显示自己不惜一战的决心。要是敌方仍无动于衷，一场激战便在所难免。

小故事——小鸟也疯狂

▲必胜鸟啄得红尾鹰落荒而逃

常理上，我们看到的自然界里都是以大欺小的场景，可是为了保卫自己的家园，在面对比自己体积大又凶猛的对手时，出于本能，小鸟也会疯狂出击，让侵略者落荒而逃。

美国一名摄影师无意中拍到一只小必胜鸟斗红尾鹰的激战。必胜鸟勇敢异常，骑在红尾鹰的背上，将红尾鹰啄得落荒而逃。

当时，一只红尾鹰正尝试冒险靠近必胜鸟的巢穴，突然一只勇敢的必胜鸟向红尾鹰发动了进攻。它先是向云霄飞冲，飞到红尾鹰的上方，然后对准目标俯冲下来，用钩形的利爪钩住老鹰的头和背，无论红尾鹰如何翻转盘旋，始终紧紧依附在鹰背上。尽管这只红尾鹰的体形远远大过必胜鸟，但它却无力摆脱背上的小鸟，只能痛苦地发出鸣叫，最后落荒而逃。

自然传奇丛书